SITZUNGSBERICHTE DER SÄCHSISCHEN AKADEMIE
DER WISSENSCHAFTEN ZU LEIPZIG
Mathematisch-naturwissenschaftliche Klasse
Band 105 · Heft 5

WOLFGANG BUCHHEIM

ZUR THEORIE DER GEOELEKTRISCHEN ERKUNDUNGSMETHODIK UND SYSTEMATIK DER GEOELEKTROMAGNETISCHEN EFFEKTE

AKADEMIE-VERLAG · BERLIN
1964

BERICHTE ÜBER DIE VERHANDLUNGEN DER SÄCHSISCHEN AKADEMIE DER WISSENSCHAFTEN ZU LEIPZIG (ab Band 105 SITZUNGSBERICHTE DER SÄCHSISCHEN AKADEMIE DER WISSENSCHAFTEN ZU LEIPZIG)

MATHEMATISCH-NATURWISSENSCHAFTLICHE KLASSE

Band 97

Heft 1 Prof. Dr. ERICH STRACK, Beobachtungen über den endogenen Anteil des Kot-Stickstoffs 24 Seiten — 8° — 1949 — DM 2,50 *(vergriffen)*

Heft 2 Prof. Dr. ERNST HÖLDER, Über die Variationsprinzipe der Mechanik der Kontinua 13 Seiten — 8° — 1950 — DM 2,75 *(vergriffen)*

Heft 3 Dr. H. GERSTNER / Dr. H. BAARK / Dr. H. GRAUL, Der Wechselstromwiderstand der Froschhaut 25 Seiten — 8° — 1950 — DM 2,75 *(vergriffen)*

Heft 4 Prof. Dr. HERBERT BECKERT, Existenz- und Eindeutigkeitsbeweise für das Differenzenverfahren zur Lösung des Anfangswertproblems, des gemischten Anfangs-Randwert- und des charakteristischen Problems einer hyperbolischen Differentialgleichung zweiter Ordnung mit zwei unabhängigen Variablen 42 Seiten — 8° — 1950 — DM 9,— *(vergriffen)*

Heft 5 Prof. Dr. HERBERT BECKERT, Über quasilineare hyperbolische Systeme partieller Differentialgleichungen erster Ordnung mit zwei unabhängigen Variablen. Das Anfangswertproblem, die gemischte Anfangs-Randwertaufgabe, das charakteristische Problem 68 Seiten — 8° — 1950 — DM 14.50 *(vergriffen)*

Heft 6 Prof. Dr.-Ing. ENNO HEIDEBROEK, Das Verhalten von zähen Flüssigkeiten, insbesondere Schmierflüssigkeiten, in engen Spalten Nachdruck — 40 Seiten — 24 Abbildungen — 8° — 1952 — DM 5,80 *(vergriffen)*

Heft 7 Prof. Dr. HANS SCHUBERT, Über eine lineare Integrodifferentialgleichung mit Zusatzkern 52 Seiten — 8° — 1950 — DM 9,25 *(vergriffen)*

Heft 8 Dipl.-Phys. HERMAR KRUPP, Bestimmung der allgemeinen Lösung der Schrödinger-Gleichung für Coulomb-Potential 28 Seiten — 8° — 1950 — DM 5,50 *(vergriffen)*

Band 98

Heft 1 Prof. Dr. WALTER SCHNEE, Über magische Quadrate und lineare Gitterpunktprobleme 48 Seiten — 8° — 1951 — DM 4,65 *(vergriffen)*

Heft 2 Prof. Dr.-Ing. ENNO HEIDEBROEK, Über die Beziehungen zwischen Schmierung und Verschleiß bei geschmierter Gleitreibung Nachdruck — 36 Seiten — 5 Abbildungen — 8° — 1954 — DM 2,75

Heft 3 Prof. Dr.-Ing. e. h. KARL KEGEL, Der Salzstock Mirowo bei Provadia in Bulgarien 26 Seiten — 9 Abbildungen — 8° — 1951 — DM 3,— *(vergriffen)*

Heft 4 Prof. Dr. HERBERT BECKERT / Prof. Dr. HANS SALIÉ, Bemerkungen über die Verbiegung hyperbolisch gekrümmter Flächenstücke · Über Abels Verallgemeinerung der binomischen Formel 22 Seiten — 2 Abbildungen — 8° — 1951 — DM 2,25 *(vergriffen)*

Heft 5 Prof. Dr. ERICH STRACK, Die Dauerinfusion als Verfahren zur Erforschung des Kohlenhydratstoffwechsels des Tierkörpers 20 Seiten — 8° — 1952 — DM 2,— *(vergriffen)*

Band 99

Heft 1 Prof. Dr. HEINRICH BRANDT, Über das quadratische Reziprozitätsgesetz 18 Seiten — 8° — 1951 — DM 1,90 *(vergriffen)*

Heft 2 Prof. Dr. GEORG SPACKELER, Der Gebirgsdruck und seine Beherrschung durch den Bergmann 36 Seiten — 12 Abbildungen — 8° — 1951 — DM 1,65 *(vergriffen)*

Heft 3 Prof. Dr. ERNST DIEPSCHLAG, Die Anwendbarkeit der Regelungstechnik in der Hüttenindustrie 38 Seiten — 12 Abbildungen — 8° — 1952 — DM 3,90

Heft 4 Prof. Dr. ALBERT FROMME, Die Bedeutung der Entwicklungsgeschichte, besonders des Mesenchyms für die Klinik 24 Seiten — 8° — 1952 — DM 1,75 *(vergriffen)*

Heft 5 Dr. ROBERT BÖKER, Die Entstehung der Sternsphäre Arats 68 Seiten — 4 Abbildungen — 2 Falttafeln — 3 Tabellen — 8° — 1952 — DM 5,60

SITZUNGSBERICHTE DER SÄCHSISCHEN AKADEMIE
DER WISSENSCHAFTEN ZU LEIPZIG

Mathematisch-naturwissenschaftliche Klasse
Band 105 · Heft 5

WOLFGANG BUCHHEIM

ZUR THEORIE DER GEOELEKTRISCHEN ERKUNDUNGSMETHODIK UND SYSTEMATIK DER GEOELEKTROMAGNETISCHEN EFFEKTE

Mit 2 Tabellen

AKADEMIE-VERLAG · BERLIN
1964

Vorgelegt in der Sitzung vom 10. Dezember 1962
Manuskript eingeliefert am 10. Dezember 1962
Druckfertig erklärt am 7. Februar 1964

Erschienen im Akademie-Verlag GmbH, Berlin W 8, Leipziger Straße 3—4

Lizenznummer: 202 · 100/511/64
Gesamtherstellung: VEB Druckerei „Thomas Müntzer" Bad Langensalza
Bestellnummer: 2027/105/5 · ES 18 E 2 · Preis: DM 4,30

I. Formulierung der Aufgabe. Mathematische Präzisierung des geoelektromagnetischen Strukturbegriffes

In seiner Veröffentlichung „Beiträge zur Theorie der geoelektrischen Aufschlußmethoden" [1] hat der Verfasser im Jahre 1952 versucht, der gesamten bis dahin entwickelten geoelektrischen Aufschlußmethodik ein gemeinsames theoretisches Gerüst zu geben. In der Zwischenzeit ist die geoelektrische Erkundung um einige neue Verfahren bereichert worden, und die Probleme der mathematischen Behandlung idealisierter Strukturen für Interpretationszwecke sind durch die Entwicklung der elektronischen Rechenautomatik in ein neues Stadium getreten. Die Durchführung von Berechnungen dieser Art, die damals noch wegen ihres Umfanges und Aufwandes praktisch unausführbar erschienen, ist inzwischen der Inangriffnahme zumindestens näher gerückt. Hierbei dürfte der vom Verfasser seinerzeit gewählte mathematische Standpunkt, nämlich der der Formulierung von Integralgleichungen, der neuen rechentechnischen Situation besonders entsprechen, indem er der Anwendung von Iterationsverfahren besonders angepaßt ist. Auch scheint uns, daß sich Möglichkeiten, aber auch Grenzen der geoelektrischen Erkundung des Erdinnern anhand einer solchen Formulierung der Probleme relativ am klarsten übersehen lassen. Darüber hinaus hat das im folgenden entwickelte mathematische Schema eine über die Geoelektromagnetik weit hinausgehende Bedeutung, indem es im Grunde die gesamte makroskopische Elektrodynamik in inhomogenen und anisotropen Festkörpern (ausschließlich elektro- und magnetostriktiver Effekte) umfaßt.

Bei der *geoelektrischen* Erkundung handelt es sich, interpretationsmäßig gesprochen, stets darum, daß die *räumliche Verteilung* gewisser elektrischer Untergrundparameter (Leitfähigkeit, Dielektrizitätskonstante, spontane oder induzierte galvanische Polarisation) aus elektrischen bzw. elektromagnetischen *Meßdaten* an der *Erdoberfläche* oder an zugänglichen *Gesteinsoberflächen* des Erdinneren, z. B. Bohrlochwandungen, Stollenstößen usw. erschlossen werden soll. Mittel dieser Erschließung ist dabei ein künstlich dem Boden aufgeprägtes oder auch ein natürliches, im Boden spontan entstehendes (galvanisches oder tellurisches) elektrisches bzw. elektromagnetisches Feld, dessen Struktur z. B. durch eine an der Erdoberfläche ausgelegte Anordnung von Elektroden und stromführenden Kabeln oder Spulen (Schleifen) bzw. auch durch Induktion aus der Ionosphäre im Prinzip *angelegt*, aber durch die Verteilung der elektrischen und magnetischen Bodenparameter wesentlich *mitbestimmt* wird. Die Frage der *Eindeutigkeit des Rückschlusses*, die bei allen geophysikalischen Erkundungsmethoden eine Rolle spielt und die bei den gravimetrischen und geomagnetischen aus potentialtheoretischen Gründen bekanntlich negativ beantwortet werden muß, steht auch in der Geoelektrik zur Diskussion. Sie ist u. W. bisher nur in einem einzigen Falle, nämlich dem Idealfalle einer unbegrenzten isotropen Horizontalschichtung des Bodens (Leitfähigkeit eine Funktion des Abstandes von der ebenen Erdoberfläche allein), theoretisch näher untersucht und positiv beantwortet worden [3, 4, 15, 16]. Aus der Kurve des scheinbaren spezifischen Widerstandes, etwa nach Schlumberger aufgenommen, kann diese Funktion prinzipiell abgeleitet werden, wenn auch im einzelnen Falle dem gewisse praktische Schwierigkeiten entgegenstehen. Das bekannte Hilfspunkt-Verfahren [5] oder die Benutzung von Mehrschicht-Kurvenalben [6] zur Auswertung stützt sich im wesentlichen auf diese Tatsache. Für eine allgemeinere Untersuchung der in der geophysikalischen Erkundung letzten Endes angestrebten „räumlichen Kartierung" der makroskopischen Gesteinsparameter, hier also der elektrischen und magnetischen, dürfte der damals eingeschlagene Weg der Behandlung durch Integralgleichungen wohl der einzig weiterführende sein, wie am Ende dieser Abhandlung noch näher ausgeführt werden soll.

Wie vom Verfasser früher bereits angedeutet wurde [1], gibt die Integralgleichungsmethode auf Grund einer Zerlegung des Sekundärfeldes in eine Folge von Integralen, die den Inhomogenitäten einzelner elektrischer bzw. magnetischer Eigenschaften des Untergrundes zugeordnet werden können, eine willkürfreie Systematik der geoelektrischen Effekte. In der genannten Arbeit wurde aber noch eine Einschränkung gemacht, die im folgenden fallen gelassen werden soll. Es ist dieses die *Isotropie* aller elektrischen und magnetischen Boden- bzw. Gesteinseigenschaften. Bekanntlich kann aber elektrische Leitfähigkeits-Anisotropie in älteren und verfestigten Sedimenten sehr ausgeprägt sein und z. B. in Steinkohleflözen extreme Werte annehmen [12]. Die Einschränkung auf Isotropie soll in dieser Arbeit aufgehoben werden. Alle geoelektrisch wirksamen makroskopischen Gesteinseigenschaften wie elektrische Leitfähigkeit, Dielektrizitätskonstante und magnetische Suszeptibilität sollen als von Punkt zu Punkt *stetig veränderlich* und *anisotrop* vorausgesetzt werden. (Die „Unstetigkeiten" der Gesteinsparameter an petrographischen Grenzflächen sind hierbei als stetige, wenn auch sehr „steile" Übergänge zu denken.) Hierdurch wird die obengenannte Systematik der geoelektrischen Effekte wesentlich erweitert. Lediglich an der *Linearität* der Verknüpfung von Stromdichte und dielektrischer Verschiebung mit der elektrischen Feldstärke und der magnetischen Induktion mit der Erregung soll weiterhin festgehalten werden, also nichtlineare Effekte elektrischer und magnetischer Art, die bei den geringen Stromdichten und Feldstärken, denen der Untergrund bei geoelektrischen Untersuchungen ausgesetzt ist, ohnehin keine Rolle spielen, sollen vernachlässigt werden. Diese praktisch unwesentliche Einschränkung erlaubt, vom Superpositionsprinzip der Lösungen Gebrauch zu machen und unperiodische dynamische Vorgänge, z. B. elektrische Ausgleichsvorgänge, Transients u. ä., auf zeitlich periodische nach dem FOURIERschen Integraltheorem zurückzuführen.

Wir wollen im folgenden den Boden als einen zunächst nicht notwendig eben begrenzten Halbraum voraussetzen, in dem überall die drei symmetrischen Materialtensoren mit stets positiven Hauptwerten $\mathscr{S}$ der elektrischen Leitfähigkeit, $\mathscr{E}$ der Dielektrizitätskonstanten und $\mathscr{M}$ der magnetischen Permeabilität im Sinne makroskopischer Gesteinsgrößen gegeben sein sollen. (Die Symbole $\mathscr{S}$, $\mathscr{E}$ und $\mathscr{M}$ vertreten also bei Wahl eines bestimmten Koordinatensystems die Matrix der entsprechenden Tensoren.) Die geoelektromagnetische Struktur des Untergrundes wäre dann durch die *Abweichungen* $\mathscr{S}^*$, $\mathscr{E}^*$ und $\mathscr{M}^*$ dieser Tensoren von gewissen, letztlich nur willkürlich festzulegenden Mittelwerten zu beschreiben, die wir der Einfachheit halber als Kugeltensoren $\mathscr{I}\,\sigma_0$, $\mathscr{I}\,\varepsilon_0$ und $\mathscr{I}\,\mu_0$ annehmen wollen ($\mathscr{I}$ der Einheitstensor). Es gilt mithin

$$\mathscr{S} = \mathscr{I}\,\sigma_0 + \mathscr{S}^* \qquad \mathscr{E} = \mathscr{I}\,\varepsilon_0 + \mathscr{E}^* \qquad \mathscr{M} = \mathscr{I}\,\mu_0 + \mathscr{M}^* \tag{1}$$

(ε_0 und μ_0 sind wie σ_0 als Konstanten des Untergrundes aufzufassen und nicht mit den elektromagnetischen Fundamentalkonstanten zu verwechseln, die hier wegen Verwendung des GAUSSschen Maßsystems gleich eins zu setzen sind.) $\mathscr{S}^*$, $\mathscr{E}^*$ und $\mathscr{M}^*$ mögen als „geoelektromagnetische Strukturtensoren" bezeichnet werden, die Skalare σ_0, ε_0 und μ_0 dagegen als „geoelektromagnetische Substratparameter". Die Auftrennung in Substrat und Struktur ist also nicht von Natur vorgezeichnet, sondern im Grunde willkürlich. Die Abtrennung eines solchen homogen-isotropen Substrates ist aber für alle geoelektrischen Anordnungen zweckmäßig, bei denen ein mittlerer, nicht zu vernachlässigender Skineffekt auftritt.

Die Materialgleichungen für Stromdichte $\mathfrak{j}$, Verschiebung $\mathfrak{D}$, Induktion $\mathfrak{B}$ und die Feldstärken $\mathfrak{E}$ und $\mathfrak{H}$ lauten dann

$$\mathfrak{j} = \mathscr{S} \cdot \mathfrak{E} = \mathfrak{E} \cdot \mathscr{S} \qquad \mathfrak{E} = \mathscr{E} \cdot \mathfrak{E} = \mathfrak{E} \cdot \mathscr{E} \qquad \mathfrak{B} = \mathscr{M} \cdot \mathfrak{H} = \mathfrak{H} \cdot \mathscr{M} \,. \tag{2}$$

Die Multiplikation ist hierbei als skalare zwischen den als Dyaden aufgefaßten Tensoren $\mathscr{S}$ usw. und den Vektoren $\mathfrak{E}$ usw. aufzufassen.

Für den lufterfüllten Halbraum oberhalb der Erdoberfläche, für den die Verteilung der Felder $\mathfrak{E}$ und $\mathfrak{H}$ im allgemeinen nicht interessiert, kann mit sehr guter Annäherung

$$\mathfrak{j} = 0 \qquad \mathfrak{D} = \mathfrak{E} \qquad \mathfrak{B} = \mathfrak{H} \tag{3}$$

gesetzt werden. Für die Einbeziehung auch von Anisotropieeffekten in die Systematik ist es nun von Vorteil, die Strukturtensoren ihrerseits in Kugeltensoren (Spuren) und Deviatoren aufzuspalten gemäß

$$\mathscr{S}^* = S^* \mathscr{I} + \mathscr{S}^+ \,, \quad \mathscr{E}^* = E^* \mathscr{I} + \mathscr{E}^+ \,, \quad \mathscr{M}^* = M^* \mathscr{I} + \mathscr{M}^+ \,. \tag{4}$$

Hierbei bedeuten S^*, E^* und M^* die Mittelwerte der Diagonalelemente der entsprechenden Tensoren, die Tensoren $\mathscr{S}^+$ usw. die Deviatoren zu $\mathscr{S}^*$ usw. Isotrope Bodenelemente sind also dadurch gekennzeichnet, daß dort die Deviatoren verschwinden. Sämtliche eingeführte Größen S^*, E^*, M^* usw. sind im allgemeinen Funktionen des Ortes. Homogene Gesteinspartien sind dadurch ausgezeichnet, daß diese Größen zu Konstanten werden. Wir bezeichnen die Skalare S^*, E^* und M^* als „Strukturmittel", die Deviatoren $\mathscr{S}^+$, $\mathscr{E}^+$ und $\mathscr{M}^+$ als „Struktur-Anisotropie-Tensoren". Für isotrope Strukturen verschwinden diese Anisotropietensoren per definitionem.

Für beide Halbräume müssen nun die MAXWELLschen Gleichungen gelten, und zwar für den Erdhalbraum in der allgemeinen Form

$$\nabla \times \mathfrak{H} = \frac{4\pi}{c}\,\mathfrak{j} + \frac{1}{c}\,\dot{\mathfrak{D}} \,, \qquad \nabla \times \mathfrak{E} = -\frac{1}{c}\,\dot{\mathfrak{B}} \,, \qquad \nabla \cdot \mathfrak{B} = 0 \tag{5a}$$

und für den Lufthalbraum wegen (3) dagegen in der Form

$$\nabla \times \mathfrak{H} = \frac{1}{c}\,\dot{\mathfrak{E}} \,, \qquad \nabla \times \mathfrak{E} = -\frac{1}{c}\,\dot{\mathfrak{H}} \,, \qquad \nabla \cdot \mathfrak{H} = \nabla \cdot \mathfrak{E} = 0 \,. \tag{5b}$$

Für die Dichte der Ladung kann im Erdhalbraum als einem leitenden Medium keine Festsetzung getroffen werden; sie ergibt sich aus der Verteilung der Leitungsströme von selbst. An der Erdoberfläche müssen durch die Normalkomponenten $\mathfrak{B}_n^{(L)}$ und $\mathfrak{B}_n^{(E)}$ bzw. die Tangentialkomponenten $\mathfrak{E}_t^{(L)}$ und $\mathfrak{E}_t^{(E)}$ sowie $\mathfrak{H}_t^{(L)}$ und $\mathfrak{H}_t^{(E)}$ die folgenden Randbedingungen erfüllt sein:

$$\mathfrak{B}_n^{(L)} = \mathfrak{B}_n^{(E)} \,, \qquad \mathfrak{E}_t^{(L)} = \mathfrak{E}_t^{(E)} \,, \qquad \mathfrak{H}_t^{(L)} = \mathfrak{H}_t^{(E)} \,. \tag{5c}$$

(L) bezieht sich hierbei auf die „Oberseite“ der Erdoberfläche (Lufthalbraum), (E) auf die „Unterseite“ (Erdhalbraum).

Eine Festsetzung über die Normalkomponenten von $\mathfrak{D}$ läßt sich wiederum deshalb nicht treffen, weil sich die Aufladung der Erdoberfläche wie die des Erdinnern durch die Verteilung der elektrischen Strömung von selbst regelt.

Wir bauen das universelle mathematische Schema der Erkundungsmethodik wie in der eingangs erwähnten Abhandlung von der Seite rein periodischer, sinusförmiger Felder der Kreisfrequenz ω her auf. Die Beschränkung auf lineare Effekte gestattet komplexe Ansätze der Form

$$\left.\begin{aligned} \mathfrak{E}(\mathfrak{r}, t) &= \mathfrak{E}_0(\mathfrak{r})\, e^{i\,\omega\,t} \qquad \mathfrak{D}(\mathfrak{r}, t) = \mathfrak{D}_0(\mathfrak{r})\, e^{i\,\omega\,t} \\ \mathfrak{H}(\mathfrak{r}, t) &= \mathfrak{H}_0(\mathfrak{r})\, e^{i\,\omega\,t} \qquad \mathfrak{B}(\mathfrak{r}, t) = \mathfrak{B}_0(\mathfrak{r})\, e^{i\,\omega\,t} \\ \mathfrak{j}(\mathfrak{r}, t) &= \mathfrak{j}_0(\mathfrak{r})\, e^{i\,\omega\,t} \end{aligned}\right\} \tag{6}$$

mit komplexen und frequenzabhängigen Amplitudenfunktionen $\mathfrak{E}_0$, $\mathfrak{D}_0$, usw.; $\mathfrak{r}$ bedeutet den Ortsvektor und vertritt irgendein Koordinatentripel. Der Aufbau der Theorie von dieser Seite her bietet den weiteren Vorteil, daß *Dispersion der Materialtensoren* $\mathcal{S}$, $\mathcal{E}$ und $\mathcal{M}$ berücksichtigt werden kann. Wir werden also diese Größen zwar als reell, aber als auch *von ω abhängig* voraussetzen. Von besonderer Wichtigkeit ist dieses für den Leitfähigkeitstensor $\mathcal{S}$ und den D.-K.-Tensor $\mathcal{E}$, da auf diese Weise, wie vom Verfasser an anderer Stelle [14] ausgeführt wurde, die *induzierte galvanische Polarisation* (IP) der Gesteine, z. B. auf Grund von sulfidischer Vererzung oder von Graphitisierung, bei theoretischen Betrachtungen in besonders einfacher Form mitberücksichtigt werden kann.

Eintragung von (6) in die MAXWELLschen Gleichungen (5a, b) ergibt für den Erdhalbraum

$$\nabla \times \mathfrak{H}_0 = \frac{4\,\pi}{c}\,\mathfrak{j}_0 + \frac{i\,\omega}{c}\,\mathfrak{D}_0 \qquad \nabla \times \mathfrak{E}_0 = -\frac{i\,\omega}{c}\,\mathfrak{B}_0 \qquad \nabla \cdot \mathfrak{B}_0 = 0 \tag{7a}$$

bzw. für den Lufthalbraum

$$\nabla \times \mathfrak{H}_0 = \frac{i\,\omega}{c}\,\mathfrak{E}_0 \qquad \nabla \times \mathfrak{E}_0 = -\frac{i\,\omega}{c}\,\mathfrak{H}_0 \qquad \nabla \cdot \mathfrak{E}_0 = \nabla \cdot \mathfrak{H}_0 = 0\,. \tag{7b}$$

Die Integration von (7a, b) mittels elektrodynamischer Potentiale liegt nahe. Eine eingehendere Betrachtung zeigt aber, daß die für das elektrodynamische Skalarpotential Φ resultierende Differentialgleichung wegen der obenerwähnten Bestimmtheit der elektrischen Ladungsdichte im Erdhalbraum nicht unabhängig von der entsprechenden Differentialgleichung für das Vektorpotential $\mathfrak{A}$ ist, also weggelassen werden kann. Im übrigen bedeutet die sog. „LORENTZ-Konvention" hinsichtlich des Vektorpotentials unter der Spezialisierung (6), daß Φ sogar explizite durch $\mathfrak{A}$ ausgedrückt werden kann. (Diesem Punkt wurde in der Abhandlung [1] zum Teil nicht gebührend Rechnung getragen.) Als die dem universellen theoretischen Schema, um das es uns hier geht, genau angepaßte Integrationsmethode erweist sich also diejenige mittels des HERTZschen Vektors, weil hierbei von vornherein das Skalarpotential auf das Vektorpotential zurückgeführt ist und eine Differentialgleichung für das erstgenannte a priori entfällt.

II. Die HERTZsche Lösung in der Geoelektromagnetik und die daraus resultierende Systematik der geoelektromagnetischen Effekte

Mit einem HERTZschen Vektor $\mathfrak{Z}(\mathfrak{r}, t) = \mathfrak{Z}_0(\mathfrak{r})\, e^{i\omega t}$ werden die MAXWELLschen Gleichungen (7a) durch den Ansatz

$$\mathfrak{B}_0 = -\frac{c}{i\omega}(\nabla \times \mathfrak{Z}_0)\,, \quad \mathfrak{E}_0 = \mathfrak{Z}_0 + \frac{1}{k_0^2}\nabla(\nabla \cdot \mathfrak{Z}_0) \tag{8a}$$

mit

$$k_0^2 = \frac{\varepsilon_0\mu_0\omega^2 - 4\pi i\omega\sigma_0\mu_0}{c^2}$$

gelöst, wenn $\mathfrak{Z}_0$ der Differentialgleichung

$$\Delta\mathfrak{Z}_0 + k_0^2\mathfrak{Z}_0 = \frac{4\pi i\omega\mu_0}{c^2}\left\{\left(\mathscr{S}^* + \frac{i\omega}{4\pi}\mathscr{E}^*\right)\cdot\mathfrak{E}_0 + \frac{c}{4\pi\mu_0}\nabla\times\mathscr{M}^*\cdot\mathfrak{H}_0\right\} \tag{8b}$$

genügt. Der entsprechende Ansatz, der (7b) für den Luftraum löst, lautet

$$\mathfrak{B}_0 = -\frac{c}{i\omega}(\nabla \times \mathfrak{Z}_0)\,, \quad \mathfrak{E}_0 = \mathfrak{Z}_0 + \frac{c^2}{\omega^2}\nabla(\nabla \cdot \mathfrak{Z}_0)\,, \tag{9a}$$

und die Differentialgleichung für $\mathfrak{Z}_0$

$$\Delta\mathfrak{Z}_0 + \frac{\omega^2}{c^2}\mathfrak{Z}_0 = 0\,. \tag{9b}$$

Aus (8a) bzw. (9a) ist übrigens zu ersehen, daß

$$-\frac{c}{i\omega}\mathfrak{Z}_0 = \mathfrak{A}_0 \tag{10a}$$

die Rolle des elektrodynamischen Vektorpotentials und

$$-\frac{1}{k_0^2}(\nabla \cdot \mathfrak{Z}_0) = \Phi_0 \quad \text{bzw.} \quad -\frac{c^2}{\omega^2}(\nabla \cdot \mathfrak{Z}_0) = \Phi_0 \tag{10b}$$

diejenige des Skalarpotentials spielt.

Substituiert man in (8b) $\mathfrak{Z}_0$ durch $\mathfrak{A}_0$ und vergleicht man die entstehende Differentialgleichung mit derjenigen für $\mathfrak{A}_0$ für einen homogen-isotropen leitenden Raum der Leitfähigkeit σ_0 und Permeabilität μ_0, in welchem eine Konvektionsstromdichte $\mathfrak{j}_0^*$ herrscht:

$$\Delta \mathfrak{A}_0 + k_0^2 \mathfrak{A}_0 = -\frac{4\pi}{c} \mu_0 \mathfrak{j}_0^* , \tag{11}$$

so erkennt man, daß sich die rechte Seite von (8b) als ein durch die „*Strukturtensoren* $\mathscr{S}^*$, $\mathscr{E}^*$ und $\mathscr{M}^*$ *und die Feldstärken* $\mathfrak{E}_0$ *und* $\mathfrak{H}_0$ *darstellbarer virtueller Konvektionsstrom im Substrat*“ deuten läßt, der selbstverständlich nur bildhaft zu verstehen ist und dessen Dichte gleich ist

$$\mathfrak{j}_0^* = \left(\mathscr{S}^* + \frac{i\,\omega}{4\pi}\mathscr{E}^*\right) \cdot \mathfrak{E}_0 + \frac{c}{4\pi\mu_0} \nabla \times \mathscr{M}^* \cdot \mathfrak{H}_0 . \tag{12a}$$

Aus der 1. MAXWELLschen Hauptgleichung folgt unter Berücksichtigung der Zerlegung (1)

$$(\nabla \cdot \mathfrak{j}_0^*) + \left(\sigma_0 + \frac{i\,\omega}{4\pi}\varepsilon_0\right)(\nabla \cdot \mathfrak{E}_0) = 0 . \tag{12b}$$

Mit der Aufspaltung der Strukturtensoren in Mittelwert-Kugeltensoren und Deviatoren nach (4) erhält man unter Berücksichtigung der 1. MAXWELLschen Hauptgleichung

$$\begin{aligned}\mathfrak{j}_0^* = &\left(S^* + \frac{i\,\omega}{4\pi}E^*\right)\left(1 + \frac{M^*}{\mu_0}\right)\mathfrak{E}_0 + \left(\sigma_0 + \frac{i\,\omega}{4\pi}\varepsilon_0\right)\frac{M^*}{\mu_0}\mathfrak{E}_0 \\ &+ \left(\mathscr{S}^+ + \frac{i\,\omega}{4\pi}\mathscr{E}^+\right)\left(1 + \frac{M^*}{\mu_0}\right)\mathfrak{E}_0 + \\ &+ \frac{c}{4\pi\mu_0}\left(\widehat{\nabla M^*} \times \mathfrak{H}_0 + \widehat{\nabla \times \mathscr{M}^+} \cdot \mathfrak{H}_0 + \widehat{\nabla \times \mathscr{M}^+ \cdot \mathfrak{H}_0}\right) .\end{aligned} \tag{13}$$

(Die Bögen über den 3 letzten Termen deuten an, worauf ∇ operiert.)

Mit den 13 Gliedern dieses Ausdruckes ist eine *vollständige auf den HERTZschen Vektor aufgebaute Systematik aller geoelektrischen, auf die Struktur und ihre Inhomogenität und Anisotropie zurückführbaren, in den Feldstärken linearen Effekte* gegeben. Diese Glieder verschwinden sämtlich dort, wo die Strukturtensoren und ihre räumlichen Ableitungen null sind. Im übrigen führt die hier vorgenommene theoretische Zerlegung der geoelektromagnetischen Bodeneigenschaften in „Substrat“ und „Struktur“ zu einer klaren Präzisierung des „Primärfeldes“, das mit einer bestimmten künstlichen oder auch spontanen Aktivierung dieser Eigenschaften stets verbunden sein muß. Als

Primärfeld kann nämlich allgemein diejenige Lösung der Grundgleichungen (7a, b) aufgefaßt werden, die

1. für den gesamten Erdhalbraum aus einem Hertzschen Vektor $\mathfrak{Z}_0^{(p)}$ abgeleitet werden kann, der der Schwingungsgleichung (8b) mit $\mathcal{S}^* = \mathcal{E}^* = \mathcal{M}^* = 0$ genügt,

$$\Delta \mathfrak{Z}_0^{(p)} + k_0^2 \mathfrak{Z}_0^{(p)} = 0 , \tag{14a}$$

im Lufthalbraum aber der Schwingungsgleichung

$$\Delta \mathfrak{Z}_0^{(p)} + \frac{\omega^2}{c^2} \mathfrak{Z}_0^{(p)} = 0 , \tag{14b}$$

2. die Randbedingungen (5c) für die Erdoberfläche erfüllt und
3. entweder
   a) auf den Oberflächen von Erdelektroden oder felderzeugenden stromführenden Kabeln den dort physikalisch vorgeschriebenen Bedingungen genügt oder
   b) einer bestimmten ionosphärisch elektromagnetischen Partialwelle entspricht oder
   c) mit $\omega = 0$ eine „eingeprägte" Potentialverteilung für Φ von räumlicher oder flächenhafter Art aufweist, wie sie durch spontanen Galvanismus im Erdinneren gegeben ist.

In den drei Möglichkeiten 3a)—c) sind alle bisher bekannten Fälle von Erregung elektromagnetischer Felder in der Erdkruste einbegriffen, nämlich unter a) die künstlich erregten, entweder durch Erdelektroden oder Stromschleifen oder beides dem Boden aufgeprägten, unter b) die tellurischen und unter c) die Eigenpotentialfelder galvanisch aktiver Mineralien. Unter Umständen kann, wie in der eingangs zitierten Arbeit des Verfassers schon gezeigt wurde, das so definierte Primärfeld in dasjenige einzelner Elektroden oder Leitungselemente und in einen Geländewirkungsanteil additiv zerlegt werden.

Wir wenden uns zunächst der Erläuterung der 13 geoelektromagnetischen Struktureffekte nach (13) zu. Sämtliche Terme, die die Dimensionen einer elektrischen Stromdichte haben, sind linear in den Feldamplituden $\mathfrak{E}_0$ und $\mathfrak{H}_0$ und bis auf die vier Glieder $M^* S^* \mathfrak{E}_0$, $\frac{i\,\omega}{4\,\pi} M^* E^* \mathfrak{E}_0$, $M^* \mathcal{S}^+ \cdot \mathfrak{E}_0$ und $\frac{i\,\omega}{4\,\pi} M^* \mathcal{E}^+ \cdot \mathfrak{E}_0$ auch linear in den Komponenten der Strukturtensoren $\mathcal{S}^*$, $\mathcal{E}^*$ und $\mathcal{M}^*$. Damit kann eine Systematik dieser Effekte für das einzelne Volumenelement des Erdhalbraumes nach folgenden Gesichtspunkten getroffen werden:

1. Abhängigkeit von $\mathfrak{E}_0$ oder $\mathfrak{H}_0$: Unterscheidung *elektrisch* (E) bzw. *magnetisch* (M) angeregter Strukturwirkungen,

2. Abhängigkeit von $\mathscr{S}^*$, $\mathscr{E}^*$ oder $\mathscr{M}^*$: Unterscheidung von Leitfähigkeits- (L), dielektrischen Polarisations-(P) und Magnetisierungs-(M) Effekten. Bei den letztgenannten ist zu beachten, daß, wenn $\mu_0 = 1$ gesetzt wird, $\mathscr{M}^*$ bis auf den Faktor 4π identisch mit dem magnetischen Suszeptibilitätstensor $\mathscr{K}$ wird und

$$M^* = 4\pi K \quad \text{bzw.} \quad \mathscr{M}^* = 4\pi \mathscr{K}^+ \tag{14c}$$

im wesentlichen Mittel bzw. Anisotropie der magnetischen Suszeptibilität kennzeichnen. Die obengenannten vier Terme bilden eine Ausnahme, da sie *bilinear* in magnetischen und elektrischen Strukturelementen sind.

3. Ein weiterer Gesichtspunkt der Einteilung ist schließlich die Unterscheidung, ob die Komponenten der Strukturtensoren selbst oder nur ihre räumlichen Ableitungen auftreten. Man kann also „Volumeneffekte" (V) (Abhängigkeit von den Komponenten selbst) und „Berandungseffekte" (R) (Abhängigkeit von den Ableitungen) unterscheiden. Die Bezeichnung „Berandungseffekte" wählen wir aus anschaulichen Gründen, weil solche Terme bei aneinandergrenzenden homogenen geologischen Körpern nur in deren Randbereichen von null verschieden sind und deshalb auch als flächengebundene Randeffekte idealisiert werden können.

4. Ein vierter Gesichtspunkt ist die Abhängigkeit von einem Strukturmittel (einer Spur) oder von einer Strukturanisotropie (einem Deviator). Danach wären also zu unterscheiden:
Spur-(S) und Anisotropie-(A) Effekte.

Eine zweite, wesentlich kompliziertere Systematik ergibt sich, wie weiter unten ausgeführt werden soll, wenn statt des Hertzschen Vektors die Felder $\mathfrak{E}_0$ und $\mathfrak{H}_0$ selbst in Abhängigkeit von den Strukturgrößen dargestellt werden, wie dieses für den Fall der Isotropie bereits in der obenzitierten Abhandlung des Verfassers geschehen war. Dann tritt zu den vier genannten Einteilungsgesichtspunkten als fünfter noch die Unterscheidung hinzu, ob sich der Effekt im elektrischen oder magnetischen Felde (etwa an der Erdoberfläche) äußert. Wir erhalten dann zusätzlich noch eine Differenzierung in

5. Elektrisch (E) bzw. magnetisch (M) sich äußernde Effekte.

Diese Unterscheidung führt, wie im folgenden noch gezeigt wird, dazu, daß *jedem* der 13 Stromdichteterme (13) eine elektrische und eine magnetische Sekundärwirkung zugeordnet werden kann. Unter Berücksichtigung der Einteilungsgesichtspunkte 1. bis 4. ergibt sich

Tabelle 1

Systematik der lokalisierten geoelektromagnetischen Effekte auf Grund des HERTZschen Feldes

Nr.	Term in j_0^*	Charakter des Terms bezügl. der vier Einteilungs-Gesichtspunkte			
		1	2	3	4
1	$S^* \mathfrak{E}_0$	E	L	V	S
2	$\frac{i\,\omega}{4\,\pi} E^* \mathfrak{E}_0$	E	P	V	S
3	$\frac{\sigma_0}{\mu_0} M^* \mathfrak{E}_0$	E	M	V	S
4	$\frac{i\,\omega}{4\,\pi} \frac{\varepsilon_0}{\mu_0} M^* \mathfrak{E}_0$	E	M	V	S
5	$\mathscr{S}^+ \cdot \mathfrak{E}_0$	E	L	V	A
6	$\frac{i\,\omega}{4\,\pi} \mathscr{E}^+ \cdot \mathfrak{E}_0$	E	P	V	A
7	$\frac{c}{4\,\pi\,\mu_0} \widehat{\nabla\, M^*} \times \mathfrak{H}_0$	M	M	R	S
8	$\frac{c}{4\,\pi\,\mu_0} \widehat{\nabla \times \mathscr{M}^+} \cdot \mathfrak{H}_0$	M	M	R	A
9	$\frac{c}{4\,\pi\,\mu_0} \widehat{\nabla \times \mathscr{M}^+ \cdot \mathfrak{H}_0}$	M	M	V	A
10	$\frac{1}{\mu_0} S^* M^* \mathfrak{E}_0$	E	ML	V	SS
11	$\frac{i\,\omega}{4\,\pi\,\mu_0} E^* M^* \mathfrak{E}_0$	E	PM	V	SS
12	$\frac{1}{\mu_0} M^* \mathscr{S}^+ \cdot \mathfrak{E}_0$	E	LM	V	AS
13	$\frac{i\,\omega}{4\,\pi\,\mu_0} M^* \mathscr{E}^+ \cdot \mathfrak{E}_0$	E	PM	V	AS

Die Terme Nr. 10—13 stellen gemischt elektrisch-magnetische Effekte dar mit den oben eingeführten Signaturen zunächst die in Tabelle 1 gezeigte Systematik der geoelektromagnetischen, gewissermaßen „lokalisierbaren“ Struktureffekte des Erdinneren.

III. Greenscher Tensor und Integralgleichungen für $\mathfrak{J}_0$, $\mathfrak{E}_0$ und $\mathfrak{B}_0$. Elektrisch bzw. magnetisch sich äußernde Strukturwirkungen

Wir führen nun den Greenschen Tensor $\mathcal{G}(\mathfrak{r}, \mathfrak{r}_0;\ \sigma_0, \varepsilon_0, \mu_0;\ \omega)$ des homogen-isotropen Substrates mit den Parametern σ_0, ε_0 und μ_0 ein, der folgende Eigenschaften hat:

1. Die spaltenweise bezüglich einer rechtwinkligen kartesischen Basis $\mathfrak{e}_1$, $\mathfrak{e}_2$, $\mathfrak{e}_3$ aufgeführten Elemente $\mathcal{G}_{ik}(\mathfrak{r}, \mathfrak{r}_0;\ \sigma_0, \varepsilon_0, \mu_0;\ \omega)$ stellen die Komponenten des Hertzschen Vektors $\mathfrak{G}_k = \mathfrak{e}_i \mathcal{G}_{ik}$ für einen oszillierenden Dipol im Punkte $\mathfrak{r}_0$ des Erd- und Lufthalbraumes mit der Strom- bzw. Stromdichteamplitude 1 und der Orientierung parallel zum Basisvektor l_k dar. In der Umgebung des Punktes $\mathfrak{r}_0$ hat also $\mathcal{G}$ die Form $\mathcal{I}\,\frac{1}{|\mathfrak{r} - \mathfrak{r}_0|}$. Sämtliche $\mathcal{G}_{ik}$ genügen also der Wellengleichung (14a) bzw. (14b).

2. Die Hertzschen Vektoren $\mathfrak{G}_k(\mathfrak{r}, \mathfrak{r}_0;\ \sigma_0, \varepsilon_0\ \mu_0;\ \omega)$ genügen an der Erdoberfläche den Randbedingungen (5c) bezüglich der elektromagnetischen Feldstärke, d. h. in den $\mathfrak{G}_k$ ausgedrückt, den Bedingungen

$$\left.\begin{aligned} &\mathfrak{G}^{(L)}_{k\,t} = \mathfrak{G}^{(E)}_{k\,t} \qquad && \frac{1}{k_0^2}\left(\nabla \cdot \mathfrak{G}^{(E)}_k\right) = \frac{c^2}{\omega^2}\left(\nabla \cdot \mathfrak{G}^{(L)}_k\right), \\ &\mathfrak{G}^{(L)}_{k\,n} = \frac{1}{\mu_0}\,\mathfrak{G}^{(E)}_{k\,n} \qquad && \frac{\partial}{\partial n}\,\mathfrak{G}^{(L)}_{k\,t} = \frac{1}{\mu_0}\cdot\frac{\partial}{\partial n}\,\mathfrak{G}^{(E)}_{k\,t} \end{aligned}\right\} \tag{15}$$

($\mathfrak{G}_{kt}$ bzw. $\mathfrak{G}_{kn}$ bezeichnet die tangentielle bzw. normale Komponente von $\mathfrak{G}_k$ bezüglich der — nicht notwendig ebenen — Erdoberfläche, $\frac{\partial}{\partial n}$ die Normalableitung bezüglich der Erdoberfläche, E den Wert auf der Seite des Erdhalbraumes, L auf derjenigen des Lufthalbraumes).

3. Sämtliche $\mathcal{G}_{ik}(\mathfrak{r}, \mathfrak{r}_0;\ \sigma_0, \varepsilon_0, \mu_0;\ \omega)$ genügen im Unendlichen der bekannten Ausstrahlungsbedingung.

Mittels dieses Greenschen Tensors kann nun für eine beliebige, aus stromführenden, im Luftraum oder auch über dem Boden sich schließenden Leitungen bestehende geoelektrische Primäranordnung das Primärfeld $\mathfrak{Z}_0^{(p)}(\mathfrak{r})$ abgeleitet werden. Für eine in sich geschlossene, von Wechselstrom der Amplitude I_0 durchflossene Leitung erhält man, wenn $d\mathfrak{s}(\mathfrak{r})$ das Linienelement der als Raumkurve idealisierten Leitung darstellt,

$$\mathfrak{Z}_0^{(p)}(\mathfrak{r}) = I_0 \cdot \oint \mathcal{G}(\mathfrak{r}, \mathfrak{r}_0; \sigma_0, \varepsilon_0, \mu_0; \omega) \cdot d\mathfrak{s}(\mathfrak{r}_0)\,. \tag{16a}$$

Ist die Primäranordnung dagegen nicht geschlossen, sondern durch (punktförmig idealisierte) Erdelektroden in den Punkten P_1 und P_2 des Erdhalbraumes oder der Erdoberfläche geerdet, so erhält man

$$\mathfrak{Z}_0^{(p)}(\mathfrak{r}) = I_0 \cdot \int_{P_1}^{P_2} \mathcal{G}(\mathfrak{r}, \mathfrak{r}_0; \sigma_0, \varepsilon_0, \mu_0; \omega) \cdot d\mathfrak{s}(\mathfrak{r}_0)\,. \tag{16b}$$

Die Integrationsrichtung ist dabei im Sinne der Stromrichtung zu wählen. Der Integrationsweg kann auch teilweise im Erdhalbraume verlaufen.

Der GREENsche Tensor spielt jedoch eine noch viel weitergehende Rolle. Bildet man nämlich für ein beliebiges künstlich erregtes elektromagnetisches Feld, das durch den HERTZschen Vektor $\mathfrak{Z}_0(\mathfrak{r})$ dargestellt wird, durch Integration nach $\mathfrak{r}_0$ über den gesamten Raum unter Ausschluß des Punktes $\mathfrak{r}$ und der Primärleitungen und Elektroden den Ausdruck

$$\int d\tau(\mathfrak{r}_0) \left\{\mathcal{G}(\mathfrak{r}, \mathfrak{r}_0) \cdot \Delta_0 \mathfrak{Z}_0(\mathfrak{r}_0) - \widehat{\Delta_0 \mathcal{G}}(\mathfrak{r}, \mathfrak{r}_0) \cdot \mathfrak{Z}_0(\mathfrak{r}_0)\right\} =$$

$$= \int d\tau(\mathfrak{r}_0) \left\{\mathcal{G}(\mathfrak{r}, \mathfrak{r}_0) \cdot (\Delta_0 \mathfrak{Z}_0(\mathfrak{r}_0) + k_0^2 \mathfrak{Z}_0(\mathfrak{r}_0)) - (\widehat{\Delta_0 \mathcal{G}}(\mathfrak{r}, \mathfrak{r}_0) + \right.$$

$$\left. + k_0^2 \mathcal{G}(\mathfrak{r}, \mathfrak{r}_0)) \cdot \mathfrak{Z}_0(\mathfrak{r}_0)\right\} = \int_{(F+F_\infty+F_0)} df(\mathfrak{r}_0) \left\{\mathcal{G}(\mathfrak{r}, \mathfrak{r}_0) \cdot \frac{\partial \mathfrak{Z}_0}{\partial n}(\mathfrak{r}_0) - \frac{\partial \mathcal{G}(\mathfrak{r}, \mathfrak{r}_0)}{\partial n} \cdot \mathfrak{Z}_0(\mathfrak{r}_0)\right\} \tag{17a}$$

($k^2 = k_0^2$ für den Erdhalbraum bzw. $= \frac{\omega^2}{c^2}$ für den Lufthalbraum), so kann man die linke Seite wegen (8b) und (9b) bzw. wegen $\Delta \mathcal{G} + k^2 \mathcal{G} = 0$ überführen in

$$\frac{4 \pi i \omega \mu_0}{c^2} \int d\tau(\mathfrak{r}_0)\, \mathcal{G}(\mathfrak{r}, \mathfrak{r}_0) \cdot \mathfrak{j}_0^*(\mathfrak{r}_0) = -4\pi \mathfrak{Z}_0(\mathfrak{r}) +$$

$$+ \int_{(F+F_\infty)} df(\mathfrak{r}_0) \left\{\mathcal{G}(\mathfrak{r}, \mathfrak{r}_0) \cdot \frac{\partial \mathfrak{Z}_0(\mathfrak{r}_0)}{\partial n_0} - \frac{\partial \mathcal{G}(\mathfrak{r}, \mathfrak{r}_0)}{\partial n_0} \cdot \mathfrak{Z}_0(\mathfrak{r}_0)\right\}. \tag{17b}$$

Hierbei bezeichnet F die die im Endlichen liegenden Leitungen und Elektroden ausschließenden Flächen, F_∞ dagegen eine in das Unendliche rückende Kugelfläche mit dem Mittelpunkt im Ursprung. F_0

bedeutet eine auf $P(\mathfrak{r})$ sich zusammenziehende, den Punkt $\mathfrak{r} = \mathfrak{r}_0$ ausschließende Kugelfläche, $\frac{\partial}{\partial n_0}$ die Ableitung in Richtung der Außennormalen auf allen genannten Flächen. Die Argumente σ_0, ε_0, μ_0 und ω von $\mathcal{G}$ sind der Kürze halber weggelassen. Für $\mathfrak{j}_0^* = 0$, d. h. für das Verschwinden jeglicher Struktur des Untergrundes, geht $\mathfrak{Z}_0$ definitionsgemäß in das Primärfeld über. Aus (17b) folgt, daß

$$\bar{\mathfrak{Z}}_0^{(p)}(\mathfrak{r}) = \int\limits_{f+F_\infty} df(\mathfrak{r}_0) \left\{ \mathcal{G}(\mathfrak{r}, \mathfrak{r}_0) \cdot \frac{\partial \mathfrak{Z}_0(\mathfrak{r}_0)}{\partial n_0} - \frac{\partial \mathcal{G}(\mathfrak{r}, \mathfrak{r}_0)}{\partial n_0} \cdot \mathfrak{Z}_0(\mathfrak{r}_0) \right\} \tag{18}$$

sich nur um einen Phasenfaktor $e^{i\varphi}$ von dem Felde $\mathfrak{Z}_0^{(p)}(\mathfrak{r})$ des homogen-isotropen Substrates unterscheiden kann, wenn gleiche Amplituden zugrunde gelegt werden. Dieser Phasenfaktor drückt die Rückwirkung der Struktur des Untergrundes auf die Primäranordnung aus. Wenn Primärströme, die sich nur durch Phasenfaktoren unterscheiden, als äquivalent angesehen werden, entfällt also der Unterschied zwischen $\bar{\mathfrak{Z}}_0^{(p)}$ und $\mathfrak{Z}_0^{(p)}$.

Es läßt sich leicht zeigen, daß für jede Anordnung von Stromdipolen auf einer stetigen Raumkurve mit stetiger Tangente die Ausdrücke (16a) bzw. (16b) Lösungen der Integralgleichung (18) sind. Man hat nur die Fläche F als schlauchförmiges, die Raumkurve umschließendes Gebilde auf diese selbst zusammenzuziehen, wobei der zweite Term auf der rechten Seite von (18) keinen Beitrag liefert. Die Integration über F_∞ ergibt Null wegen des Abklingens von $\mathcal{G}$ und $\mathfrak{Z}_0$ mindestens wie $\frac{1}{|\mathfrak{r}|}$. Die Darstellung (18) umfaßt aber auch den „tellurischen" Fall der Erregung, nämlich die Entstehung elektrischer Ströme im Boden durch Induktion aus der Atmosphäre. Dann liefert die Integration über F mangels im Endlichen liegender Leitungen Elektroden usw. Null, aber diejenige über F_∞ einen endlichen Beitrag. Man erhält somit die universell gültige, vom speziellen Charakter der Primärerregung völlig unabhängige Darstellung

$$\mathfrak{Z}_0(\mathfrak{r}) = \mathfrak{Z}_0^{(p)}(\mathfrak{r}) - \frac{i\,\omega\,\mu_0}{c^2} \int d\tau(\mathfrak{r}_0)\,\mathcal{G}(\mathfrak{r}, \mathfrak{r}_0) \cdot \mathfrak{j}_0^*(\mathfrak{r}_0)\,. \tag{19}$$

Die Integration in (19) kann auf den Erdhalbraum eingeschränkt werden, denn der Lufthalbraum liefert wegen $\mathfrak{j}_0^* = 0$ keinen Beitrag.

Trägt man in (19) $\mathfrak{j}_0^*$ nach (12) oder (13) ein und ersetzt man $\mathfrak{E}_0$ und $\mathfrak{H}_0$ durch ihre Darstellungen mittels $\mathfrak{Z}_0$, so zeigt sich, daß (19) ein System von drei inhomogen-linearen Integralgleichungen für die

Komponenten $\mathfrak{Z}_0$ bedeutet, nämlich, in vektorieller Form geschrieben,

$$\mathfrak{Z}_0(\mathfrak{r}) = \mathfrak{Z}_0^{(p)}(\mathfrak{r}) -$$
$$- \frac{i\,\omega\,\mu_0}{c^2} \int d\tau(\mathfrak{r}_0)\, \mathcal{G}(\mathfrak{r}, \mathfrak{r}_0) \cdot \left\{ \left(\mathcal{S}^*(\mathfrak{r}_0) + \frac{i\,\omega}{4\,\pi}\, \mathcal{E}^*(\mathfrak{r}_0) \right) \cdot \left(\mathfrak{Z}_0(\mathfrak{r}_0) + \right. \right.$$
$$\left. \left. + \frac{1}{k_0^2} \nabla_0 (\nabla_0 \cdot \mathfrak{Z}_0(\mathfrak{r}_0)) \right) - \frac{c^2}{4\,\pi\, i\,\omega\,\mu_0} \nabla_0 \times \mathcal{M}^*(\mathfrak{r}_0) \cdot \mathcal{M}^{-1}(\mathfrak{r}_0) \cdot (\nabla_0 \times \mathfrak{Z}_0(\mathfrak{r}_0)) \right\} . \tag{20}$$

Die Kerntensoren dieser vektoriellen Integralgleichung

$$\mathcal{G}(\mathfrak{r}, \mathfrak{r}_0) \cdot \mathcal{S}^*(\mathfrak{r}_0)\,, \qquad \frac{i\,\omega}{4\,\pi} \mathcal{G}(\mathfrak{r}, \mathfrak{r}_0) \cdot \mathcal{E}^*(\mathfrak{r}_0)\,, \qquad \text{usw.}$$

bilden sich aus inneren Produkten des GREENschen Tensors mit den Strukturtensoren und ihren Ableitungen. Der letzte Term unter dem Integral enthält zunächst Ableitungen von $\mathfrak{Z}_0$, die aber durch partielle Integration beseitigt werden können. Im GREENschen Tensor kommen der Einfluß des Substrates sowie der Topographie der Erdoberfläche zur Geltung. Zerlegt man die Strukturtensoren in der o. a. Weise in die Kugeltensoren des Mittels und in Deviatoren, so erhält man die doppelte Anzahl von Kerntensoren. Nach bekannten Sätzen der Integralgleichungstheorie existiert im allgemeinen für eine vorgegebene Primärerregung $\mathfrak{Z}_0^{(p)}(\mathfrak{r})$ und für eine „abgeschlossene" Struktur $\mathcal{S}^*(\mathfrak{r})$, $\mathcal{E}^*(\mathfrak{r})$, $\mathcal{M}^*(\mathfrak{r})$ genau eine Lösung $\mathfrak{Z}_0(\mathfrak{r})$ dieser Integralgleichung.

Umgekehrt kann man aber auch $\mathfrak{Z}_0$ durch $\mathfrak{E}_0$ und $\mathfrak{B}_0$ gemäß (8a) bzw. (9a) substituieren und erhält damit ein System von sechs linear-inhomogenen Integralgleichungen für die sechs Komponenten von $\mathfrak{E}_0$ und $\mathfrak{B}_0$:

$$\left.\begin{aligned}
\mathfrak{B}_0(\mathfrak{r}) &= \mathfrak{B}_0^{(p)}(\mathfrak{r}) + \frac{\mu_0}{c} \int d\tau(\mathfrak{r}_0)\, \nabla \times \mathcal{G}(\mathfrak{r}, \mathfrak{r}_0) \cdot \\
&\cdot \left\{ \left(\mathcal{S}^*(\mathfrak{r}_0) + \frac{i\,\omega}{4\,\pi} \mathcal{E}^*(\mathfrak{r}_0) \right) \cdot \mathfrak{E}_0(\mathfrak{r}_0) + \frac{c}{4\,\pi\,\mu_0} \nabla_0 \mathcal{M}^*(\mathfrak{r}_0) \cdot \mathcal{M}^{-1}(\mathfrak{r}_0) \cdot \mathfrak{B}_0(\mathfrak{r}_0) \right\}, \\
\mathfrak{E}_0(\mathfrak{r}) &= \mathfrak{E}_0^{(p)}(\mathfrak{r}) - \frac{i\,\omega\,\mu_0}{c^2} \int d\tau(\mathfrak{r}_0) \left(\mathcal{G}(\mathfrak{r}, \mathfrak{r}_0) + \frac{1}{k_0^2} \nabla\, (\nabla \cdot \mathcal{G}(\mathfrak{r}, \mathfrak{r}_0) \right) \cdot \\
&\cdot \left\{ \left(\mathcal{S}^*(\mathfrak{r}_0) + \frac{i\,\omega}{4\,\pi} \mathcal{E}^*(\mathfrak{r}_0) \right) \cdot \mathfrak{E}_0(\mathfrak{r}_0) \right. \\
&\left. + \frac{c}{4\,\pi\,\mu_0} \nabla_0 \times \mathcal{M}^*(\mathfrak{r}_0) \cdot \mathcal{M}^{-1}(\mathfrak{r}_0) \cdot \mathfrak{B}_0(\mathfrak{r}) \right\} .
\end{aligned}\right\} \tag{21}$$

Man kann nun durch Zerlegung der geschweiften Klammer in (21) gemäß (13) eine entsprechende Systematik der Struktureffekte treffen, deren Zahl sich durch die Auftrennung in die direkt meßbaren Felder $\mathfrak{E}$ und $\mathfrak{B}$ verdoppelt, also auf 26 erhöht. Man hat hierzu die 13 virtuellen Stromdichteterme in (13) für $\mathfrak{r}_0$ einerseits mit

$$-\frac{i\omega\mu_0}{c^2}\left(\mathscr{G}(\mathfrak{r}, \mathfrak{r}_0) + \frac{1}{k_0^2}\nabla(\nabla\cdot\mathscr{G}(\mathfrak{r}, \mathfrak{r}_0)\right),$$

andererseits mit

$$\frac{\mu_0}{c}\nabla\times\mathscr{G}(\mathfrak{r}, \mathfrak{r}_0)$$

zu multiplizieren und über den ganzen strukturerfüllten Raum zu integrieren, um die 13 Strukturwirkungen im elektrischen Felde einerseits bzw. im magnetischen Felde andererseits für den Aufpunkt P in *summierter* Form zu erhalten.

Bis auf den Term 9 in Tabelle 1, in den die partiellen Ableitungen 1. Ordnung von $\mathfrak{B}_0$ eingehen, enthalten alle so entstehenden Integrale die Komponenten von $\mathfrak{E}_0$ und $\mathfrak{B}_0$ selbst linear. Man erhält damit für die *beobachtbaren* Wirkungen im Punkte $P(\mathfrak{r})$ das in Tabelle 2 wiedergegebene Schema.

Praktisch besonders wichtige Gruppen geoelektrischer Erkundungsverfahren sind die „Widerstandsmethoden" und die sog. „Tellurik". Die Widerstandsmethoden sind dadurch gekennzeichnet, daß das elektrische Feld, das mit künstlich erzeugten oder natürlichen Erdströmen verbunden ist, die praktisch als stationär gelten können, mittels elektrischer Erdsonden ausgemessen wird. Induktionseffekte spielen hier nur eine untergeordnete Rolle und können meist vernachlässigt werden: Es interessiert praktisch nur das elektrische Feld $\mathfrak{E}(\mathfrak{r})$ für $\omega = 0$, wegen $\frac{\partial\mathfrak{B}}{\partial t} = 0$ ist rot $\mathfrak{E} \equiv 0$, mithin

$$\mathfrak{E}(\mathfrak{r}) = -\nabla\Phi(\mathfrak{r})\,. \tag{22}$$

In der Tat folgt aus (21) mit $\omega = 0$

$$\mathfrak{E}(\mathfrak{r}) = \mathfrak{E}^{(p)}(\mathfrak{r}) + \frac{1}{4\pi\sigma_0}\int d\tau(\mathfrak{r}_0)\,\nabla(\nabla\cdot\mathscr{G}(\mathfrak{r}, \mathfrak{r}_0; \sigma_0, \mu_0; 0))\,\cdot$$

$$\cdot\left\{\mathscr{S}^*(\mathfrak{r}_0)\cdot\mathfrak{E}(\mathfrak{r}_0) + \frac{c}{4\pi\mu_0}\nabla_0\times\mathscr{M}^*(\mathfrak{r}_0)\cdot\mathscr{M}^{-1}(\mathfrak{r}_0)\cdot\mathfrak{B}(\mathfrak{r}_0)\right\} \tag{23a}$$

Tabelle 2

Systematik der nichtlokalisierten (summierten) geoelektromagnetischen Stuktureffekte in $\mathfrak{E}_0$ und $\mathfrak{B}_0$

Nr.	Term in $\mathfrak{E}_0$(a) und $\mathfrak{B}_0$(b)	Charakter des Terms bezügl. der Einteilungs-gesichtspunkte 1—5				
		1	2	3	4	5
1a	$-\frac{i\,\omega\,\mu_0}{c^2}\int d\tau\left(\left(\mathcal{G}+\frac{1}{k^2}\nabla(\nabla\cdot\mathcal{G})\right)\cdot\mathfrak{E}_0\right)S^*$	E	L	V	S	E
1b	$\frac{\mu_0}{c}\int d\tau\,(\nabla\times\mathcal{G}\cdot\mathfrak{E}_0)\,S^*$	E	L	V	S	M
2a	$\frac{\omega^2\,\mu_0}{4\,\pi\,c^2}\int d\tau\left(\left(\mathcal{G}+\frac{1}{k^2}\nabla(\nabla\cdot\mathcal{G})\right)\cdot\mathfrak{E}_0\right)E^*$	E	P	V	S	E
2b	$\frac{i\,\omega\,\mu_0}{4\,\pi\,c}\int d\tau\,(\nabla\times\mathcal{G}\cdot\mathfrak{E}_0)\,E^*$	E	P	V	S	M
3a	$-\frac{i\,\omega\,\sigma_0}{c^2}\int d\tau\left(\left(\mathcal{G}+\frac{1}{k^2}\nabla(\nabla\cdot\mathcal{G})\right)\cdot\mathfrak{E}_0\right)M^*$	E	M	V	S	E
3b	$\frac{\sigma_0}{c}\int d\tau\,(\nabla\times\mathcal{G}\cdot\mathfrak{E}_0)\,M^*$	E	M	V	S	M
4a	$\frac{\omega^2\,\varepsilon_0}{4\,\pi\,c^2}\int d\tau\left(\left(\mathcal{G}+\frac{1}{k^2}\nabla(\nabla\cdot\mathcal{G})\right)\cdot\mathfrak{E}_0\right)M^*$	E	M	V	S	E
4b	$\frac{i\,\omega\,\varepsilon_0}{4\,\pi\,c}\int d\tau\,(\nabla\times\mathcal{G}\cdot\mathfrak{E}_0)\,M^*$	E	M	V	S	M
5a	$-\frac{i\,\omega\,\mu_0}{c^2}\int d\tau\left(\left(\mathcal{G}+\frac{1}{k^2}\nabla(\nabla\cdot\mathcal{G})\right)\cdot(\mathcal{S}^+\cdot\mathfrak{E}_0)\right)$	E	L	V	A	E
5b	$\frac{\mu_0}{c}\int d\tau\,(\nabla\times\mathcal{G}\cdot(\mathcal{S}^+\cdot\mathfrak{E}_0))$	E	L	V	A	M
6a	$\frac{\omega^2\,\mu_0}{4\,\pi\,c^2}\int d\tau\left(\left(\mathcal{G}+\frac{1}{k^2}\nabla(\nabla\cdot\mathcal{G})\right)\cdot(\mathcal{E}^+\cdot\mathfrak{E}_0)\right)$	E	P	V	A	E
6b	$\frac{i\,\omega\,\mu_0}{4\,\pi\,c}\int d\tau\,(\nabla\times\mathcal{G}\cdot(\mathcal{E}^+\cdot\mathfrak{E}_0))$	E	P	V	A	M
7a	$-\frac{i\,\omega}{4\,\pi\,c}\int d\tau\left(\left(\mathcal{G}+\frac{1}{k^2}\nabla(\nabla\cdot\mathcal{G})\right)\cdot\left(\widehat{\nabla\,M^*}\times\mathfrak{H}_0\right)\right)$	M	M	R	S	E
7b	$\frac{1}{4\,\pi}\int d\tau\,(\nabla\times\mathcal{G}\cdot(\widehat{\nabla\,M^*}\times\mathfrak{H}_0))$	M	M	R	S	M

Tabelle 2 (Fortsetzung)

Nr.	Term in $\mathfrak{E}_0$(a) und $\mathfrak{B}_0$(b)	Charakter des Terms bezügl. der Einteilungsgesichtspunkte 1—5				
		1	2	3	4	5
8a	$-\frac{i\,\omega}{4\,\pi\,c}\int d\tau\left(\left(\mathcal{G}+\frac{1}{k^2}\nabla\,(\nabla\cdot\mathcal{G})\right)\cdot\left(\widehat{\nabla\times\mathcal{M}^+\cdot\mathfrak{H}_0}\right)\right)$	M	M	R	A	E
8b	$\frac{1}{4\,\pi}\int d\tau\left(\nabla\times\mathcal{G}\cdot\left(\widehat{\nabla\times\mathcal{M}^+\cdot\mathfrak{H}_0}\right)\right)$	M	M	R	A	M
9a	$-\frac{i\,\omega}{4\,\pi\,c}\int d\tau\left(\left(\mathcal{G}+\frac{1}{k^2}\nabla\,(\nabla\cdot\mathcal{G})\right)\cdot\widehat{\nabla\times\mathcal{M}^+\cdot\mathfrak{H}_0}\right)$	M	M	V	A	E
9b	$\frac{1}{4\,\pi}\int d\tau\left(\nabla\times\mathcal{G}\cdot\left(\widehat{\nabla\times\mathcal{M}^+\cdot\mathfrak{H}_0}\right)\right)$	M	M	V	A	M
10a	$-\frac{i\,\omega}{c^2}\int d\tau\left(\left(\mathcal{G}+\frac{1}{k^2}\nabla\,(\nabla\cdot\mathcal{G})\right)\cdot\mathfrak{E}_0\right)S^*\,M^*$	E	LM	V	SS	E
10b	$\frac{1}{c}\int d\tau\,(\nabla\times\mathcal{G}\cdot\mathfrak{E}_0)\,S^*\,M^*$	𝔈	LM	V	SS	M
11a	$\frac{\omega^2}{4\,\pi\,c^2}\int d\tau\left(\left(\mathcal{G}+\frac{1}{k^2}\nabla\,(\nabla\cdot\mathcal{G})\right)\cdot\mathfrak{E}_0\right)E^*\,M^*$	E	PM	V	SS	E
11b	$\frac{i\,\omega}{4\,\pi\,c}\int d\tau\,(\nabla\times\mathcal{G}\cdot\mathfrak{E}_0)\,E^*\,M^*$	E	PM	V	SS	M
12a	$-\frac{i\,\omega}{c^2}\int d\tau\left(\left(\mathcal{G}+\frac{1}{k^2}\nabla\,(\nabla\cdot\mathcal{G})\right)\cdot(\mathcal{S}^+\cdot\mathfrak{E}_0)\right)M^*$	E	LM	V	AS	E
12b	$\frac{1}{c}\int d\tau\,(\nabla\times\mathcal{G}\cdot(\mathcal{S}^+\cdot\mathfrak{E}_0))\,M^*$	E	LM	V	AS	M
13a	$\frac{\omega^2}{4\,\pi\,c}\int d\tau\left(\left(\mathcal{G}+\frac{1}{k^2}\nabla\,(\nabla\cdot\mathcal{G})\right)\cdot(\mathcal{E}^+\cdot\mathfrak{E}_0)\right)M^*$	E	PM	V	AS	E
13b	$\frac{i\,\omega}{4\,\pi\,c}\int d\tau\,(\nabla\times\mathcal{G}\cdot(\mathcal{E}^+\cdot\mathfrak{E}_0))\,M^*$	E	PM	V	AS	M

Die Terme Nr. 10a—13b stellen wiederum gemischt elektrisch-magnetische Effekte dar oder, da auch $\mathfrak{E}^{(p)}(\mathfrak{r})$ der Gradient eines Skalarpotentials $\Phi^{(p)}(\mathfrak{r})$ ist,

$$\mathfrak{E}(\mathfrak{r}) = -\nabla \Phi^{(p)}(\mathfrak{r}) + \frac{1}{4\pi\sigma_0} \nabla \int d\tau(\mathfrak{r}_0) \nabla \cdot \mathscr{G}(\mathfrak{r}, \mathfrak{r}_0; \sigma_0, \mu_0; 0) \cdot \\ \cdot \left\{ \mathscr{S}^*(\mathfrak{r}_0) \cdot \mathfrak{E}(\mathfrak{r}_0) + \frac{c}{4\pi\mu_0} \nabla_0 \times \mathscr{M}^*(\mathfrak{r}_0) \cdot \mathscr{M}^{-1}(\mathfrak{r}_0) \cdot \mathfrak{B}(\mathfrak{r}_0) \right\}. \quad (23\text{b})$$

Es ergibt sich damit unter Berücksichtigung von (22)

$$\Phi(\mathfrak{r}) = \Phi^{(p)}(\mathfrak{r}) + \frac{1}{4\pi\sigma_0} \int d\tau(\mathfrak{r}_0) \nabla \cdot \mathscr{G}(\mathfrak{r}, \mathfrak{r}_0; \sigma_0, \mu_0; 0) \cdot \\ \cdot \left\{ \mathscr{S}^*(\mathfrak{r}_0) \cdot \nabla_0 \Phi(\mathfrak{r}_0) - \frac{c}{4\pi\mu_0} \nabla_0 \times \mathscr{M}^*(\mathfrak{r}_0) \cdot \mathscr{M}^{-1}(\mathfrak{r}_0) \cdot \mathfrak{B}(\mathfrak{r}_0) \right\}. \quad (23\text{c})$$

Nach (21) tritt dieser Integralgleichung eine solche für $\mathfrak{B}(\mathfrak{r})$ an die Seite, die sich wegen des Fehlens einer magnetischen Primärerregung $\mathfrak{B}^{(p)}(\mathfrak{r})$ reduziert zu

$$\mathfrak{B}(\mathfrak{r}) = \frac{\mu_0}{c} \int d\tau(\mathfrak{r}_0) \nabla \times \mathscr{G}(\mathfrak{r}, \mathfrak{r}_0; \sigma_0, \mu_0; 0) \cdot \\ \cdot \left\{ \mathscr{S}^*(\mathfrak{r}_0) \cdot \nabla_0 \Phi(\mathfrak{r}_0) - \frac{c}{4\pi\mu_0} \nabla_0 \times \mathscr{M}^*(\mathfrak{r}_0) \cdot \mathscr{M}^{-1}(\mathfrak{r}_0) \cdot \mathfrak{B}(\mathfrak{r}_0) \right\}. \quad (23\text{d})$$

Man entnimmt hieraus, daß für $\mathscr{M}^*(\mathfrak{r}_0) = 0$, also für magnetisch homogen isotropen Untergrund, das Feld $\mathfrak{B}(\mathfrak{r})$ nach (23d) durch Quadratur aus dem Felde $\Phi(\mathfrak{r})$ zu erhalten ist und daß sich nach (23c) eine Integralgleichung für $\Phi(\mathfrak{r})$ allein ergibt, die mit der vom Verfasser a. a. O. bereits angegebenen im wesentlichen identisch ist. Ist jedoch $\mathscr{M}^*(\mathfrak{r})$ nicht zu vernachlässigen, so bestimmt auch $\mathfrak{B}$ die Potentialverteilung mit, wie durch das 2. Glied unter dem Integral in (23c) zum Ausdruck gebracht wird. Für ein magnetisch isotropes Raumelement ist dieser Beitrag $d\Phi(\mathfrak{r})$ im Punkte $\mathfrak{r}$ wegen $\mathscr{M}^{-1} \cdot \mathfrak{B} = \mathfrak{H}$ und auf Grund der 1. Maxwellschen Hauptgleichung gleich

$$d\Phi(\mathfrak{r}) = \frac{d\tau(\mathfrak{r}_0)}{4\pi} \nabla \cdot \mathscr{G}(\mathfrak{r}, \mathfrak{r}_0; \sigma_0, \mu_0; 0) \cdot \left\{ \left(\frac{\sigma(\mathfrak{r}_0)}{\sigma_0} - 1 \right) \mathfrak{E}(\mathfrak{r}_0) - \\ - \frac{\sigma(\mathfrak{r}_0)}{\sigma_0} \left(\frac{\mu(\mathfrak{r}_0)}{\mu_0} - 1 \right) \mathfrak{E}(\mathfrak{r}_0) - \frac{c}{4\pi\mu_0} \nabla_0 \mu(\mathfrak{r}_0) \times \mathfrak{H}(\mathfrak{r}_0) \right\} \quad (23\text{e})$$

($\mathfrak{j}(\mathfrak{r}_0)$ die Leitungsstromdichte, $\mathfrak{H}(\mathfrak{r}_0)$ die magnetische Erregung am Orte $\mathfrak{r}_0$ des Teilchens).

Im gewissen Sinne konträr hierzu ist die Situation in der Tellurik. Hier ist primär gegeben ein Induktionsfeld $\mathfrak{B}^{(p)}(\mathfrak{r}, t)$, das aus der

Hochatmosphäre stammt. Wenn man eine bestimmte Partialwelle $\mathfrak{B}_0^{(p)}(\mathfrak{r})\, e^{i\omega t}$ der Frequenz ω dieses Feldes betrachtet, so ist dieser ein induziertes elektrisches Partialfeld $\mathfrak{E}_0(\mathfrak{r})\, e^{i\omega t}$ von gleicher Frequenz zugeordnet. Ein primäres elektrisches Feld ist nicht vorhanden. Die fundamentalen Integralgleichungen (21) nehmen dann die Form an:

$$\left.\begin{aligned} \mathfrak{B}_0(\mathfrak{r}) &= \mathfrak{B}_0^{(p)}(\mathfrak{r}) + \frac{\mu_0}{c}\int d\tau(\mathfrak{r}_0)\, \nabla \times \mathcal{G}(\mathfrak{r}, \mathfrak{r}_0)\cdot \\ &\cdot\left\{\left(\mathcal{S}^*(\mathfrak{r}_0) + \frac{i\,\omega}{4\pi}\mathcal{E}^*(\mathfrak{r}_0)\right)\cdot \mathfrak{E}_0(\mathfrak{r}_0) + \frac{c}{4\pi\mu_0}\nabla_0 \times \mathcal{M}^*(\mathfrak{r}_0)\cdot \mathcal{M}^{-1}(\mathfrak{r}_0)\cdot \mathfrak{B}_0(\mathfrak{r}_0)\right\}, \\ \mathfrak{E}_0(\mathfrak{r}) &= \frac{i\,\omega\,\mu_0}{c^2}\int d\tau(\mathfrak{r}_0)\left(\mathcal{G}(\mathfrak{r}, \mathfrak{r}_0) + \frac{1}{k_0^2}\nabla\,(\nabla\,\mathcal{G}\cdot(\mathfrak{r}, \mathfrak{r}_0))\right)\cdot \\ &\cdot\left\{\left(\mathcal{S}^*(\mathfrak{r}_0) + \frac{i\,\omega}{4\pi}\mathcal{E}^*(\mathfrak{r}_0)\right)\cdot \mathfrak{E}(\mathfrak{r}_0) + \frac{c}{4\pi\mu_0}\nabla_0 \times \mathcal{M}^*(\mathfrak{r}_0)\cdot \mathcal{M}^{-1}(\mathfrak{r}_0)\cdot \mathfrak{B}(\mathfrak{r}_0)\right\}. \end{aligned}\right\} \tag{24}$$

Hinsichtlich aller Fragen der Bestimmung von $\mathfrak{E}_0$, $\mathfrak{B}_0$ bzw. Φ bei vorgegebener Struktur insbesondere durch Anwendung von Iterationsverfahren sei hier auf Publikationen des Verfassers [1] bzw. von Belluigi [14] verwiesen, in denen sich bestimmte Einzelheiten finden.

So kompliziert die bisher abgeleiteten Gleichungen und so umfangreich der aufgebotene analytische Apparat erscheinen, so verhältnismäßig einfach und durchsichtig ist doch der physikalische Gehalt der ganzen hier entwickelten mathematischen Konzeption. Richtungweisend ist in dieser Hinsicht die physikalische Bedeutung des Greenschen Tensors $\mathcal{G}(\mathfrak{r}, \mathfrak{r}_0; \sigma_0, \varepsilon_0, \mu_0; \omega)$. Wie schon angedeutet, stellen die Spalten seiner bezüglich rechtwinkliger kartesischer Koordinatenachsen gebildeten Matrix das Feld des Hertzschen Vektors im Raumpunkte $\mathfrak{r}$ (oberhalb oder unterhalb der Erdoberfläche) dar, der zu einem oszillierenden Stromelement der Amplitude eins im Raumpunkte $\mathfrak{r}_0$ (unterhalb der Erdoberfläche) gehört, das die Richtung hat, die der Spaltenindex angibt. Der Greensche Tensor bedeutet physikalisch also das System der Hertzschen Felder von „Einheits-Elementarsendern“, die in einem homogen-isotropen, aber nicht notwendig eben begrenzten Erdhalbraum mit den Substratkonstanten σ_0, ε_0 und μ_0 postiert sind und parallel zu den Koordinatenachsen schwingen.

Die Erregung dieser kontinuierlich über den ganzen Erdhalbraum verteilt zu denkenden Elementarsender erfolgt nun gemäß (19) durch das totale elektromagnetische Feld, das sich in diesem Raume ausbildet, wobei die Strukturtensoren nach (12a) die Rolle von Koppelungsgrößen spielen. Der bekannten „Ausstrahlungsbedingung" genügt die Lösung $\mathfrak{Z}_0(\mathfrak{r})$ stets von selbst, wenn, wie vorausgesetzt, die Elementarlösungen $\mathcal{G}_{ik}(\mathfrak{r}, \mathfrak{r}_0; \sigma_0, \varepsilon_0, \mu_0; \omega)$ und die Primärerregung $\mathfrak{Z}_0^{(p)}(\mathfrak{r})$ ihr genügen. Dieses geht aus der Struktur des Ausdrucks (19) unmittelbar hervor. Physikalisch bedeutet diese Forderung, daß die „Elementarsender" wie auch die Primäranordnung wirkliche Ausstrahlungssender sein müssen. Gleichung (19) bringt in gewisser Weise das HUYGENSsche Prinzip für den elektromagnetisch durchstrahlten Untergrund zum Ausdruck. Jeder Punkt des Erdhalbraumes nämlich, in welchem nicht sämtliche Strukturtensoren verschwinden, bildet das Zentrum von Elementarwellen gemäß der klassischen HERTZschen Lösung, wenn in ihm eine elektromagnetische Schwingung stattfindet. Man kann daher auch die *Strukturtensoren* als kennzeichnend für das *Streuvermögen für elektromagnetische Wellen im Erdhalbraum* auffassen. Auch in dieser Hinsicht ist die Betrachtungsweise nicht auf die Geoelektromagnetik eingeengt, sondern auf andere elektromagnetisch inhomogene bzw. anisotrope Medien anwendbar, z. B. auf die Ionosphäre oder den interstellaren Raum.

In praktischer Hinsicht ist die Lösung der Aufgabe, bei vorgegebener Struktur und vorgegebenem Primärfeld das elektromagnetische Feld zu bestimmen, mittels des Integralgleichungssystems (19) für den HERTZschen Vektor $\mathfrak{Z}_0$ der Benützung des Systems (21) für $\mathfrak{E}_0$ und $\mathfrak{B}_0$, das aus (19) folgt, vorzuziehen. Hier erhebt sich natürlich die Frage nach der eindeutigen Lösbarkeit der Integralgleichungen. Führt man einen Eigenwertparameter λ ein durch

$$\mathfrak{Z}_0(\mathfrak{r}) + \lambda \cdot \int d\tau(\mathfrak{r}_0)\, \mathcal{G}(\mathfrak{r}, \mathfrak{r}_0; \sigma_0, \varepsilon_0, \mu_0; \omega) \cdot \mathfrak{j}_0^*(\mathfrak{r}, \omega, \mathfrak{Z}_0(\mathfrak{r}_0)) = \mathfrak{Z}_0^{(p)}(\mathfrak{r}), \quad (25\text{a})$$

so reduziert sich die Problemstellung auf die Frage, ob $\lambda = \frac{i\,\omega\,\mu_0}{c^2}$ Eigenwert des homogenen Systems

$$\mathfrak{Z}_0(\mathfrak{r}) + \lambda \int d\tau(\mathfrak{r}_0)\, \mathcal{G}(\mathfrak{r}, \mathfrak{r}_0; \sigma_0, \varepsilon_0\, \mu_0; \omega) \cdot \mathfrak{j}_0^*(\mathfrak{r}_0, \omega, \mathfrak{Z}_0(\mathfrak{r}_0)) = 0 \quad (25\text{b})$$

sein kann. Diese Frage ist aus physikalischen Gründen aber stets zu verneinen. Wäre nämlich (25b) mit diesem Werte von λ nichttrivial lösbar, so würde das physikalisch bedeuten, daß ein permanentes HERTZsches Schwingungsfeld der (reellen) Frequenz ω existieren könnte, das einerseits der Ausstrahlungsbedingung genügen würde und andererseits keinerlei energetischer Speisung bedürfte. Bei Wegfall eines Primärfeldes $\mathfrak{Z}_0^{(p)}$ sind aber alle geoelektromagnetischen Vorgänge unter der hier gemachten Voraussetzung *dissipativ*, d. h. von der Umwandlung von elektrischer Energie in Wärme begleitet, was einen Widerspruch zum Obigen bedeuten würde. Hieraus muß man schließen, daß $\lambda = \frac{i\omega\mu_0}{c^2}$ kein Eigenwert des homogenen Systems sein kann, wenn ω reell ist, das *inhomogene System* (25a) mithin für jede reelle Frequenz ω *eindeutig lösbar* ist. Dieses entspricht genau der physikalischen Erfahrung, die zeigt, daß jede periodisch arbeitende Primäranordnung ein wohldefiniertes elektromagnetisches Feld in beiden Halbräumen zur Folge hat.

IV. Spezialisierung auf die ebene Erdoberfläche. Green-Sommerfeldscher Tensor

In den bisherigen Betrachtungen war die Erdoberfläche (Grenzfläche des Substrates gegen den als Vakuum gedachten Lufthalbraum) als beliebig gestaltet vorausgesetzt. Der Einfluß der Topographie dieser Fläche wird von diesem Standpunkte aus durch den Greenschen Tensor mitberücksichtigt, der nach (15) gewissen Randbedingungen bezüglich der *unebenen* Erdoberfläche genügen muß. Unter dieser Voraussetzung können im allgemeinen keine expliziten Lösungen für $\mathfrak{G}(\mathfrak{r}, \mathfrak{r}_0; \sigma_0, \varepsilon_0, \mu_0; \omega)$ angegeben werden.

Ist dagegen die Erdoberfläche *eben*, so stellen die $\mathfrak{G}_{ik}(\mathfrak{r}, \mathfrak{r}_0; \varepsilon_0, \sigma_0, \mu_0; \omega)$ die bekannten Lösungen für den eben begrenzten Halbraum mit endlicher Leitfähigkeit σ_0 und Dielektrizitätskonstante ε_0 dar, die A. Sommerfeld [7] für die Zwecke der drahtlosen Nachrichtentechnik bereits zu Beginn unseres Jahrhunderts angab (Feld der vertikalen bzw. horizontalen elektrischen Dipolantenne über halbleitendem Erdboden). Unter dieser Voraussetzung geht $\mathfrak{G}(\mathfrak{r}, \mathfrak{r}_0; \sigma_0, \varepsilon_0, \mu_0; \omega)$ in den „Green-Sommerfeldschen Tensor“ $\mathfrak{G}_S(\mathfrak{r}, \mathfrak{r}_0; \sigma_0, \varepsilon_0, \mu_0; \omega)$ über.

Von Sommerfeld wird das Feld des Hertzschen Vektors zunächst nur für den radiotechnisch allein interessierenden Fall angegeben, daß sich ein vertikal bzw. horizontal orientierter strahlender Dipol in der Höhe $-z = h$ *oberhalb* der Erdoberfläche im Vakuum $\varepsilon_1 = \mu_1 = 1$, $\sigma_1 = 0$ befindet, während der Raum unterhalb durch $\varepsilon_1 > 1$, $\mu_2 \neq 1$, $\sigma_1 > 0$ gekennzeichnet ist. Uns interessiert jedoch ebensosehr der Fall, daß sich der *Sender im Erdhalbraume* befindet. Die Lösung hierfür kann indessen durch eine einfache Umschreibung aus der ursprünglichen erhalten werden.

Unter Zugrundelegung eines „geophysikalischen“ Zylinderkoordinatensystems ϱ, z, φ (positive z-Achse in Richtung des Lotes weisend) erhält man nach Sommerfeld für den *vertikalen* elektrischen Einheitsdipol in der Höhe $-z_0 > 0$ über der Erdoberfläche $z = 0$ speziell für $\mu_0 = 1$ den HERTZschen Vektor unter Verwendung der SOMMERFELDschen Bezeichnungen Π, Π_E, Π_X, Π_Z

$$\left.\begin{aligned}
&{}^{(-)}\mathscr{G}^{(1)}_{xz}(\mathfrak{r}, \mathfrak{r}_0; \sigma_0, \varepsilon_0, 1; \omega) = 0\,,\\
&{}^{(-)}\mathscr{G}^{(1)}_{yz}(\mathfrak{r}, \mathfrak{r}_0; \sigma_0, \varepsilon_0, 1; \omega) = 0\,,\\
&{}^{(-)}\mathscr{G}^{(1)}_{xz}(\mathfrak{r}, \mathfrak{r}_0; \sigma_0, \varepsilon_0, 1; \omega) = \Pi = \frac{e^{-i k_1 r_{PP_0}}}{r_{PP_0}} + \frac{e^{-i k_1 r_{PP_0^*}}}{r_{PP_0^*}}\\
&\qquad - 2\int\limits_0^\infty d\lambda\,\frac{\lambda}{m_1}\cdot\frac{m_2\, e^{m_1(z+z_0)}}{n^2 m_1 + m_2}\cdot J_0\cdot(\lambda\,\varrho_{PP_0});
\end{aligned}\right\}\quad(26\text{a})$$

$$\left.\begin{aligned}
&{}^{(-)}\mathscr{G}^{(2)}_{xz}(\mathfrak{r}, \mathfrak{r}_0; \sigma_0, \varepsilon_0, 1; \omega) = 0\,,\\
&{}^{(-)}\mathscr{G}^{(2)}_{yz}(\mathfrak{r}, \mathfrak{r}_0; \sigma_0, \varepsilon_0, 1; \omega) = 0\,,\\
&{}^{(-)}\mathscr{G}^{(2)}_{zz}(\mathfrak{r}, \mathfrak{r}_0; \sigma_0, \varepsilon_0, 1; \omega) = \Pi_E =\\
&\qquad = 2\int\limits_0^\infty d\lambda\,\frac{\lambda}{n^2 m_1 + m_2}\, e^{m_1 z_0 - m_2 z}\,.\, J_0(\lambda\,\varrho_{PP_0})\,.
\end{aligned}\right\}\quad(26\text{b})$$

Hierbei bedeuten P_0^* den zu $P_0(\mathfrak{r}_0)$ bezüglich $z = 0$ spiegelbildlich gelegenen Punkt, $r_{PP_0} = \sqrt{\varrho^2_{PP_0} + (z - z_0)^2}$ den Abstand der Punkte $P_0(\mathfrak{r}_0)$ und $P(\mathfrak{r})$ voneinander, ϱ_{PP_0} die Projektion dieses Abstandes in die Ebene $z = 0$, $n = \sqrt{\varepsilon_0 - 4\pi i \frac{\sigma_0}{\omega}}$ den (komplexen) Brechungsindex der Erde bezüglich des Lufthalbraumes, m_1 und m_2 die Wurzeln

$$m_1 = \sqrt{\lambda^2 - k_1^2}\,, \qquad m_2 = \sqrt{\lambda^2 - k_2^2}$$

mit

$$k_1^2 = \frac{\omega^2}{c^2}\,, \qquad k_2^2 = k_0^2 = \frac{\varepsilon_0\,\omega^2 - 4\pi i\,\omega\,\sigma_0}{c^2}$$

und der Festsetzung $m_i \to +|\lambda|$ für $\lambda \to \infty$ $(i = 1, 2)$.

Den entsprechenden HERTZschen Vektor für einen im Erdhalbraum in der Tiefe $z_0 > 0$ liegenden Einheitsdipol erhält man aus (26a, b) durch die Transformation $x \to -x$, $y \to y$, $z \to -z$, $1 \to 2$, $2 \to 1$, $\mathscr{G}_{xz} \to \mathscr{G}_{xz}$, $\mathscr{G}_{yz} \to -\mathscr{G}_{yz}$, $\mathscr{G}_{zz} \to \mathscr{G}_{zz}$

$$\left.\begin{aligned}
&{}^{(+)}\mathscr{G}^{(1)}_{xz}(\mathfrak{r}, \mathfrak{r}_0; \sigma_0, \varepsilon_0, 1; \omega) = 0\,,\\
&{}^{(+)}\mathscr{G}^{(1)}_{yz}(\mathfrak{r}, \mathfrak{r}_0; \sigma_0, \varepsilon_0, 1; \omega) = 0\,,\\
&{}^{(+)}\mathscr{G}^{(1)}_{zz}(\mathfrak{r}, \mathfrak{r}_0; \sigma_0, \varepsilon_0, 1; \omega) =\\
&\qquad = 2\,n^2\int\limits_0^\infty d\lambda\,\frac{\lambda}{m_2}\cdot\frac{e^{m_1 z - m_2 z_0}}{n^2 m_1 + m_2}\cdot J_0(\lambda\,\varrho_{PP_0});
\end{aligned}\right\}\quad(27\text{a})$$

$$\left.\begin{aligned}
&{}^{(+)}\mathcal{G}^{(2)}_{xz}(\mathfrak{r}, \mathfrak{r}_0; \sigma_0, \varepsilon_0, 1; \omega) = 0\,,\\
&{}^{(+)}\mathcal{G}^{(2)}_{yz}(\mathfrak{r}, \mathfrak{r}_0; \sigma_0, \varepsilon_0, 1; \omega) = 0\,,\\
&{}^{(+)}\mathcal{G}^{(2)}_{zz}(\mathfrak{r}, \mathfrak{r}_0; \sigma_0, \varepsilon_0, 1; \omega) = \frac{e^{-i k_2 r_{PP_0}}}{r_{PP_0}} + \frac{e^{-i k_2 r_{PP_0^*}}}{r_{PP_0^*}} -\\
&\quad - 2\, n^2 \int_0^\infty d\lambda \frac{\lambda}{m_2} \cdot \frac{m_1\, e^{m_2(z+z_0)}}{n^2 m_1 + m_2} \cdot J_0(\lambda\, \varrho_{PP_0})\,.
\end{aligned}\right\} \quad (27\,\text{b})$$

Aus der SOMMERFELDschen Lösung für den im Lufthalbraum gelegenen in x-Richtung orientierten elektrischen Horizontaldipol erhält man entsprechend:

$$\left.\begin{aligned}
&{}^{(-)}\mathcal{G}^{(1)}_{xx}(\mathfrak{r}, \mathfrak{r}_0; \sigma_0, \varepsilon_0, 1; \omega) = \Pi_x = \frac{e^{-i k_1 r_{PP_0}}}{r_{PP_0}} - \frac{e^{-i k_1 r_{PP_0^*}}}{r_{PP_0^*}} +\\
&\quad + 2 \int_0^\infty d\lambda \frac{\lambda}{m_1 + m_2} \cdot e^{m_1(z+z_0)} \cdot J_0(\lambda\, \varrho_{PP_0})\,,\\
&{}^{(-)}\mathcal{G}^{(1)}_{yx}(\mathfrak{r}, \mathfrak{r}_0; \sigma_0, \varepsilon_0, 1; \omega) = 0\,,\\
&{}^{(-)}\mathcal{G}^{(1)}_{zx}(\mathfrak{r}, \mathfrak{r}_0; \sigma_0, \varepsilon_0, 1; \omega) = \Pi_z =\\
&\quad = -\cos\varphi \frac{2}{k_1^2} \int_0^\infty d\lambda \frac{\lambda^2 (m_1 - m_2)}{n^2 m_1 + m_2} \cdot e^{m_1(z+z_0)} \cdot J_1(\lambda\, \varrho_{PP_0})
\end{aligned}\right\} \quad (28\,\text{a})$$

bzw.

$$\left.\begin{aligned}
&{}^{(-)}\mathcal{G}^{(2)}_{xx}(\mathfrak{r}, \mathfrak{r}_0; \sigma_0, \varepsilon_0, 1; \omega) = \Pi_{xE} =\\
&\quad = \frac{2}{n^2} \int_0^\infty d\lambda \frac{\lambda}{m_1 + m_2}\, e^{-m_2 z + m_1 z_0} \cdot J_0(\lambda\, \varrho_{PP_0})\,,\\
&{}^{(-)}\mathcal{G}^{(2)}_{yx}(\mathfrak{r}, \mathfrak{r}_0; \sigma_0, \varepsilon_0, 1; \omega) = 0\,,\\
&{}^{(-)}\mathcal{G}^{(2)}_{zx}(\mathfrak{r}, \mathfrak{r}_0; \sigma_0, \varepsilon_0, 1; \omega) = \Pi_{zE} =\\
&\quad = -\cos\varphi \frac{2}{k_2^2} \int_0^\infty d\lambda \frac{\lambda^2 (m_1 - m_2)}{n^2 m_1 + m_2} \cdot e^{-m_2 z + m_1 z_0} \cdot J_1(\lambda\, \varrho_{PP_0})
\end{aligned}\right\} \quad (28\,\text{b})$$

und

$$\left.\begin{aligned} &{}^{(-)}\mathcal{G}^{(1)}_{xy}(\mathfrak{r},\mathfrak{r}_0;\sigma_0,\varepsilon_0,1;\omega)=0\,,\\ &{}^{(-)}\mathcal{G}^{(1)}_{yy}(\mathfrak{r},\mathfrak{r}_0;\sigma_0,\varepsilon_0,1;\omega)=\Pi_x={}^{(-)}\mathcal{G}^{(1)}_{xx}\,,\\ &{}^{(-)}\mathcal{G}^{(1)}_{zy}(\mathfrak{r},\mathfrak{r}_0;\sigma_0,\varepsilon_0,1;\omega)=\\ &\qquad=-\sin\varphi\,\frac{2}{k_1^2}\int\limits_0^\infty d\lambda\,\frac{\lambda^2\,(m_1-m_2)}{n^2\,m_1+m_2}\cdot e^{m_1(z+z_0)}\cdot J_1(\lambda\,\varrho_{PP_0}) \end{aligned}\right\}\quad(29\,\mathrm{a})$$

bzw.

$$\left.\begin{aligned} &{}^{(-)}\mathcal{G}^{(2)}_{xy}(\mathfrak{r},\mathfrak{r}_0;\sigma_0,\varepsilon_0,1;\omega)=0\,,\\ &{}^{(-)}\mathcal{G}^{(2)}_{yy}(\mathfrak{r},\mathfrak{r}_0;\sigma_0,\varepsilon_0,1;\omega)=\Pi_{xE}={}^{(-)}\mathcal{G}^{(2)}_{xx}\,,\\ &{}^{(-)}\mathcal{G}^{(2)}_{zy}(\mathfrak{r},\mathfrak{r}_0;\sigma_0,\varepsilon_0,1;\omega)=\\ &\qquad=-\sin\varphi\cdot\frac{2}{k_2^2}\cdot\int\limits_0^\infty d\lambda\,\frac{\lambda^2(m_1-m_2)}{n^2\,m_1+m_2}\cdot e^{-m_2z+m_1z_0}\cdot J_1(\lambda\,\varrho_{PP_0})\,. \end{aligned}\right\}\quad(29\mathrm{b})$$

Das Feld des im Erdhalbraume ($z_0 > 0$) gelegenen Horizontaldipols erhält man aus (28) und (29) durch die entsprechenden Transformationen wie oben angegeben zu

$$\left.\begin{aligned} &{}^{(+)}\mathcal{G}^{(1)}_{xx}(\mathfrak{r},\mathfrak{r}_0;\sigma_0,\varepsilon_0,1;\omega)=2\,n^2\int\limits_0^\infty d\lambda\,\frac{\lambda}{m_1+m_2}\,e^{m_1z-m_2z}\cdot J_1(\lambda\,\varrho_{PP_0})\,,\\ &{}^{(+)}\mathcal{G}^{(1)}_{yx}(\mathfrak{r},\mathfrak{r}_0;\sigma_0,\varepsilon_0,1;\omega)=0\,,\\ &{}^{(+)}\mathcal{G}^{(1)}_{zx}(\mathfrak{r},\mathfrak{r}_0;\sigma_0,\varepsilon_0,1;\omega)=\\ &\qquad=-\cos\varphi\cdot\frac{2\,n^2}{k_1^2}\cdot\int\limits_0^\infty d\lambda\,\frac{\lambda^2(m_2-m_1)}{m_1\,n^2+m_2}\cdot e^{m_1z-m_2z_0}\cdot J_1(\lambda\,\varrho_{PP_0}) \end{aligned}\right\}\quad(30\,\mathrm{a})$$

bzw.

$$\left.\begin{aligned}
&{}^{(+)}\mathscr{G}^{(2)}_{xx}(\mathfrak{r}, \mathfrak{r}_0; \sigma_0, \varepsilon_0, 1; \omega) = \frac{e^{-i k_2 r_{PP_0}}}{r_{PP_0}} - \frac{e^{-i k_2 r_{PP_0^*}}}{r_{PP_0^*}} + \\
&\quad + 2 \cdot \int_0^\infty d\lambda \frac{\lambda}{m_1 + m_2} e^{-m_2(z+z_0)} \cdot J_0(\lambda \varrho_{PP_0}) , \\
&{}^{(+)}\mathscr{G}^{(2)}_{yx}(\mathfrak{r}, \mathfrak{r}_0; \sigma_0, \varepsilon_0, 1; \omega) = 0 , \\
&{}^{(+)}\mathscr{G}^{(2)}_{zx}(\mathfrak{r}, \mathfrak{r}_0; \sigma_0, \varepsilon_0, 1; \omega) = \\
&\quad = -\cos\varphi \cdot \frac{2 n^2}{k_2^2} \cdot \int_0^\infty d\lambda \frac{\lambda^2 (m_2 - m_1)}{n^2 m_1 + m_2} \cdot e^{-m_2(z+z_0)} \cdot J_1(\lambda \varrho_{PP_0})
\end{aligned}\right\} \tag{30b}$$

und

$$\left.\begin{aligned}
&{}^{(+)}\mathscr{G}^{(1)}_{xy}(\mathfrak{r}, \mathfrak{r}_0; \sigma_0, \varepsilon_0, 1; \omega) = 0 , \\
&{}^{(+)}\mathscr{G}^{(1)}_{yy}(\mathfrak{r}, \mathfrak{r}_0; \sigma_0, \varepsilon_0, 1; \omega) = {}^{(+)}\mathscr{G}^{(1)}_{xx} , \\
&{}^{(+)}\mathscr{G}^{(1)}_{zy}(\mathfrak{r}, \mathfrak{r}_0; \sigma_0, \varepsilon_0, 1; \omega) = \\
&\quad = -\sin\varphi \cdot \frac{2 n^2}{k_1^2} \cdot \int_0^\infty d\lambda \frac{\lambda^2 (m_2 - m_1)}{n^2 m_1 + m_2} \cdot e^{m_1 z - m_2 z_0} \cdot J_1(\lambda \varrho_{PP_0})
\end{aligned}\right\} \tag{31a}$$

bzw.

$$\left.\begin{aligned}
&{}^{(+)}\mathscr{G}^{(2)}_{xy}(\mathfrak{r}, \mathfrak{r}_0; \sigma_0, \varepsilon_0, 1; \omega) = 0 , \\
&{}^{(+)}\mathscr{G}^{(2)}_{yy}(\mathfrak{r}, \mathfrak{r}_0; \sigma_0, \varepsilon_0, 1; \omega) = {}^{(+)}\mathscr{G}^{(2)}_{xx} , \\
&{}^{(+)}\mathscr{G}^{(2)}_{zy}(\mathfrak{r}, \mathfrak{r}_0; \sigma_0, \varepsilon_0, 1; \omega) = \\
&\quad = -\sin\varphi \cdot \frac{2 n^2}{k_2^2} \cdot \int_0^\infty d\lambda \frac{\lambda^2 (m_2 - m_1)}{n^2 m_1 + m_2} e^{-m_2(z+z_0)} \cdot J_1(\lambda \varrho_{PP_0}) .
\end{aligned}\right\} \tag{31b}$$

Man bestätigt leicht, daß die Symmetrierelationen $\mathscr{G}(\mathfrak{r}, \mathfrak{r}_0) \equiv \mathscr{G}(\mathfrak{r}_0, \mathfrak{r})$ für die Tensoren ${}^{(-)}\mathscr{G}^{(1)}$ und ${}^{(+)}\mathscr{G}^{(2)}$ erfüllt sind (aber natürlich nicht für die Tensoren ${}^{(-)}\mathscr{G}^{(2)}$ und ${}^{(+)}\mathscr{G}^{(1)}$).

Für den Kern der Integralgleichung (19) wird, da $\mathfrak{r}_0$ den Erdhalbraum bestreicht und $\mathfrak{r}$ praktisch ebenfalls nur auf den Erdhalbraum (einschließlich der Oberfläche) eingeschränkt ist, nur $^{(+)}\mathcal{G}^{(2)}$ benötigt. Es ist aber zu bedenken, daß für die Konstruktion des *Primärfeldes* $\mathfrak{Z}^{(p)}(\mathfrak{r})$ z. B. einer geometrisch vorgegebenen Anordnung von stromführenden Leitungen im allgemeinen auch $^{(-)}\mathcal{G}^{(2)}$ herangezogen werden muß, sofern nämlich diese Leitungen *oberhalb* der Erdoberfläche in nicht zu vernachlässigendem Abstand von dieser verlaufen. (Dieses ist z. B. bei dem sog. „Dipolinduktionsverfahren" der Fall.)

V. Zum Problem der Ermittlung geoelektromagnetischer Strukturen der äußersten Erdrinde

Die bisherigen Ausführungen gaben den Weg an, bei Vorgabe von Substrateigenschaften und Struktur des Erdhalbraumes das totale elektromagnetische Feld zu bestimmen, wenn ein Primärfeld vorgegeben ist. Die Problemstellung der geophysikalischen Erkundung des Erdinnern lautet aber anders: Wie müssen elektrisch-magnetische Struktur und Substrat — beides aufeinander bezogen — des Erdinnern beschaffen sein, wenn z. B. eine *gegebene Primäranordnung* ein *empirisch festgestelltes elektromagnetisches Totalfeld* auf Teilmannigfaltigkeiten von Punkten des Erdhalbraumes, z. B. auf der Erdoberfläche, zur Folge haben soll? Diese Fragestellung führt zunächst auf die folgende: *Wie müssen Struktur und Substrat beschaffen sein und welche Mannigfaltigkeiten geoelektromagnetischer Daten müssen herangezogen werden, damit ein solcher eindeutiger Rückschluß überhaupt möglich wird?* Aus anderen Gebieten der geophysikalischen Erkundung, z. B. der gravimetrischen und rein magnetischen, ist nämlich bekannt, daß es einen solchen eindeutigen Rückschluß auf Massendichte- bzw. Magnetisierungsverteilung aus potentialtheoretischen Gründen nicht geben kann.

Wir möchten die Ansicht vertreten und begründen, daß die hier erneut und verallgemeinert dargelegte Integralgleichungsmethode die Beantwortung auch dieser Frage mindestens anzubahnen geeignet ist. Wie eingangs schon erwähnt, ist im Bereiche der geoelektrischen Erkundung in nur zwei Fällen bisher eine eindeutige Strukturbestimmbarkeit erwiesen und auch praktisch verwertet worden. Es sind dieses erstens die sog. elektrische Tiefensondierung nach dem Widerstandsverfahren nach Wenner [9] bzw. Schlumberger und zweitens die elektromagnetische Tiefensondierung nach dem „Zentralinduktionsverfahren" nach Königsberger [10] und Nunier [11], die erstgenannte für den Fall, daß die elektrische Leitfähigkeit isotrop ist und nur von der Tiefe z abhängt. Es genügt dann, das elektrische Horizontal- bzw. magnetische Vertikalfeld

(Out-of-phase-Komponente) in einem einzigen Punkte der Erdoberfläche in Abhängigkeit von einem veränderlichen geometrischen Parameter der Primäranordnung (Elektrodenabstand bzw. Schleifendurchmesser) aufzunehmen. Die Situation ist also mathematisch gesehen die, daß die eindimensionale Mannigfaltigkeit $\sigma(z)$ $(0 < z < +\infty)$ *umkehrbar eindeutig* mittels einer der beiden Integralbeziehungen (21) auf die eindimensionale Mannigfaltigkeit $E_\varrho = E_\varrho(\varrho)$ bzw. $H_z^{(i)} = H_z^{(i)}(R)$ abgebildet wird. E_ϱ bedeutet hierbei die Radialkomponente des elektrischen Feldes bezügl. einer Erdelektrode im Horizontalabstande ϱ auf der Erdoberfläche, $H_z^{(i)}$ die („imaginäre") magnetische Vertikalkomponente im Mittelpunkte einer auf der Erdoberfläche liegenden wechselstromführenden Kreisschleife vom Radius R (ϱ bzw. R variabel, $0 < \varrho < +\infty$ bzw. $0 < R < +\infty$). Während beim Zentralinduktionsverfahren unter Vernachlässigung des Skineffektes durch Lösung einer Integralgleichung aus $H_z^{(i)}(R)$ die Funktion $\sigma(z)$ erhalten werden kann, ist der Algorithmus im Falle der Widerstandstiefensondierung weit komplizierter [3, 4]. Indessen dient hier der Nachweis, daß der Zusammenhang umkehrbar eindeutig ist, als Grundlage dafür, die Lösung spezieller Aufgaben durch Benützung von Kurvenalben zu finden.

Offenbar kann man der Beantwortung der Frage, unter welchen Bedingungen diese Eindeutigkeit auch in komplizierteren Fällen erhalten bleibt, durch eine Verallgemeinerung dieser Mannigfaltigkeiten-Mächtigkeitsbetrachtung näher kommen. Zunächst ist es erforderlich, einen Algorithmus anzugeben, der die Komponenten der Strukturtensoren eindeutig als Lösungen von Integralgleichungen aufzufinden gestattet, die durch die Eigenschaften des Substrates und die Verteilung von $\mathfrak{E}_0(\mathfrak{r})$ und $\mathfrak{B}_0(\mathfrak{r})$ auf den zugänglichen Teilmannigfaltigkeiten des Erdraumes eindeutig definiert sind.

Führt man den Sechservektor (antisymmetrischen Vierertensor) $\mathfrak{F}_0(\mathfrak{r})$ für die Amplituden der Intensitätsgrößen $\mathfrak{E}_0(\mathfrak{r})$ und $\mathfrak{B}_0(\mathfrak{r})$ in Form einer Spaltenmatrix ein

$$\mathfrak{F}_0(\mathfrak{r}) = \begin{Bmatrix} \mathfrak{E}_0(\mathfrak{r}) \\ \mathfrak{B}_0(\mathfrak{r}) \end{Bmatrix}, \tag{32}$$

ferner einen entsprechend auf sechs Zeilen und Spalten erweiterten „Strukturtensor"

$$\sum(\mathfrak{r}_0) = \left(\begin{array}{c|c} \mathscr{S}^*(\mathfrak{r}_0) + \frac{i\,\omega}{4\,\pi}\mathscr{E}^*(\mathfrak{r}_0) & \frac{c}{4\,\pi\,\mu_0}\nabla_0 \cdot \mathscr{M}^*(\mathfrak{r}_0) \cdot \mathscr{M}^{-1}(\mathfrak{r}_0) \\ \hline \mathscr{S}^*(\mathfrak{r}_0) + \frac{i\,\omega}{4\,\pi}\mathscr{E}^*(\mathfrak{r}_0) & \frac{c}{4\,\pi\,\mu_0}\nabla_0 \cdot \mathscr{M}^*(\mathfrak{r}_0) \cdot \mathscr{M}^{-1}(\mathfrak{r}_0) \end{array} \right), \tag{33a}$$

wobei ∇_0 in der 2. Spalte auch auf den hinter Σ tretenden Sechservektor $\mathfrak{F}_0$ operiert, und schließlich einen entsprechenden erweiterten GREENschen Tensor

$$\Gamma(\mathfrak{r}, \mathfrak{r}_0) = \left(\begin{array}{c|c} \frac{i\,\omega\,\mu_0}{c^2}\left(\mathcal{G}(\mathfrak{r}, \mathfrak{r}_0) + \frac{1}{k_0^2}\nabla(\nabla\cdot\mathcal{G})(\mathfrak{r}, \mathfrak{r}_0)\right) & 0 \\ \hline 0 & -\frac{\mu_0}{c}(\triangle\times\mathcal{G})(\mathfrak{r}, \mathfrak{r}_0) \end{array}\right), \tag{33b}$$

so schreibt sich das allgemeine Integralgleichungssystem (21) in der Form

$$\mathfrak{F}_0(\mathfrak{r}) = \mathfrak{F}_0^{(p)}(\mathfrak{r}) + \int d\tau(\mathfrak{r}_0)\,\Gamma(\mathfrak{r}, \mathfrak{r}_0)\cdot\Sigma(\mathfrak{r}_0)\cdot\mathfrak{F}_0(\mathfrak{r}_0)\,. \tag{34}$$

($\mathfrak{F}_0^{(p)}(\mathfrak{r})$ stellt den Sechservektor des Primärfeldes $\mathfrak{E}_0^{(p)}(\mathfrak{r})$, $\mathfrak{B}_0^{(p)}(\mathfrak{r})$ dar.)

Zerlegt man sowohl $\mathfrak{F}_0(\mathfrak{r})$ als auch $\Sigma(\mathfrak{r})$ in eine Reihe von Summanden fallender Größenordnung,

$$\mathfrak{F}_0(\mathfrak{r}) = \mathfrak{F}_0^{(p)}(\mathfrak{r}) + \mathfrak{F}_0^{(1)}(\mathfrak{r}) + \mathfrak{F}_0^{(2)}(\mathfrak{r}) + \cdots, \tag{35a}$$

$$\Sigma(\mathfrak{r}) = \Sigma^{(1)}(\mathfrak{r}) + \Sigma^{(2)}(\mathfrak{r}) + \Sigma^{(3)}(\mathfrak{r}) + \cdots \tag{35b}$$

und geht hiermit in (34) ein, so erhält man durch Ordnen nach Gliedern gleicher Größenordnung die Folge

$$\left.\begin{aligned} \mathfrak{F}_0^{(1)}(\mathfrak{r}) &= \int d\tau(\mathfrak{r}_0)\,\Gamma(\mathfrak{r}, \mathfrak{r}_0)\cdot\Sigma^{(1)}(\mathfrak{r}_0)\cdot\mathfrak{F}_0^{(p)}(\mathfrak{r}_0)\,,\\ \mathfrak{F}_0^{(2)}(\mathfrak{r}) &= \int d\tau(\mathfrak{r}_0)\,\Gamma(\mathfrak{r}, \mathfrak{r}_0)\cdot\{\Sigma^{(1)}(\mathfrak{r}_0)\cdot\mathfrak{F}_0^{(1)}(\mathfrak{r}_0) + \Sigma^{(2)}(\mathfrak{r}_0)\cdot\mathfrak{F}_0^{(p)}(\mathfrak{r}_0)\}\,,\\ \mathfrak{F}_0^{(3)}(\mathfrak{r}) &= \int d\tau(\mathfrak{r}_0)\,\Gamma(\mathfrak{r}, \mathfrak{r}_0)\cdot\{\Sigma^{(1)}(\mathfrak{r}_0)\cdot\mathfrak{F}_0^{(2)}(\mathfrak{r})_0 + \Sigma^{(2)}(\mathfrak{r}_0)\cdot\mathfrak{F}_0^{(1)}(\mathfrak{r}_0) + \\ &\quad + \Sigma^{(3)}(\mathfrak{r}_0)\cdot\mathfrak{F}_0^{(p)}(\mathfrak{r}_0)\} \end{aligned}\right\} \tag{36a}$$

usw.

Die Gleichungen gestatten, jedes $\mathfrak{F}_0^{(i)}(\mathfrak{r})$ durch reine Quadratur zu bestimmen, wenn alle vorangegangenen $\mathfrak{F}_0^{(k)}(\mathfrak{r})$ mit $k \leqq i-1$ und alle $\Sigma^{(\mathfrak{j})}(\mathfrak{r})$ mit $\mathfrak{j} \leqq i$ ermittelt sind. Die Lage von $P(\mathfrak{r})$ ist hier nicht eingeschränkt.

Wählt man andererseits mit $P(\mathfrak{r})$ einen Punkt auf einer für Messungen zugänglichen Teilmannigfaltigkeit $\overline{P}(\bar{\mathfrak{r}})$ des Erdhalbraumes, so ist $\mathfrak{F}_0(\bar{\mathfrak{r}})$ für jedes vorgegebene Primärfeld $\mathfrak{F}_0^{(p)}(\mathfrak{r})$ empirisch prinzipiell bestimmbar. Trägt man $\mathfrak{r} = \bar{\mathfrak{r}}$ in (34) ein und ersetzt man $\mathfrak{F}_0(\mathfrak{r})$ und $\Sigma(\mathfrak{r})$ wieder durch die Zerlegungen (35a, b), so erhält man durch

Ordnen nach Größenordnungen die Folge

$$\left.\begin{aligned}\mathfrak{F}_0(\mathfrak{r}) &= \int d\tau(\mathfrak{r}_0)\,\Gamma(\mathfrak{r},\mathfrak{r}_0)\cdot\Sigma^{(1)}(\mathfrak{r}_0)\cdot\mathfrak{F}_0^{(p)}(\mathfrak{r}_0)\,,\\ 0 &= \int d\tau(\mathfrak{r}_0)\,\Gamma(\mathfrak{r},\mathfrak{r}_0)\cdot\{\Sigma^{(1)}(\mathfrak{r}_0)\cdot\mathfrak{F}_0^{(1)}(\mathfrak{r}_0)+\Sigma^{(2)}(\mathfrak{r}_0)\cdot\mathfrak{F}_0^{(p)}(\mathfrak{r}_0)\}\\ 0 &= \int d\tau(\mathfrak{r}_0)\,\Gamma(\mathfrak{r},\mathfrak{r}_0)\cdot\{\Sigma^{(1)}(\mathfrak{r}_0)\cdot\mathfrak{F}_0^{(2)}(\mathfrak{r}_0)+\Sigma^{(2)}(\mathfrak{r}_0)\cdot\mathfrak{F}_0^{(1)}(\mathfrak{r}_0)+\\ &\quad+\Sigma^{(3)}(\mathfrak{r}_0)\cdot\mathfrak{F}_0^{(p)}(\mathfrak{r}_0)\}\end{aligned}\right\}\tag{36b}$$

usw.
Berücksichtigt man, daß die Symmetrie der Strukturtensoren $\mathcal{S}^*$, $\mathcal{E}^*$ und $\mathcal{M}^*$ bei skalarer Multiplikation mit $\mathfrak{E}_0$ und $\mathfrak{B}_0$ die Vertauschung der Reihenfolge gestattet, so kann man (36b) auch in folgende Form bringen:

$$\left.\begin{aligned}\int d\tau(\mathfrak{r}_0)\,\Gamma(\mathfrak{r},\mathfrak{r}_0)\mathfrak{F}_0^{(p)}(\mathfrak{r}_0)\cdot\Sigma^{(1)}(\mathfrak{r}_0) &= \mathfrak{F}_0(\mathfrak{r})\,,\\ \int d\tau(\mathfrak{r}_0)\,\Gamma(\mathfrak{r},\mathfrak{r}_0)\mathfrak{F}_0^{(p)}(\mathfrak{r}_0)\cdot\Sigma^{(2)}(\mathfrak{r}_0) &= -\int d\tau(\mathfrak{r}_0)\,\Gamma(\mathfrak{r},\mathfrak{r}_0)\mathfrak{F}_0^{(1)}(\mathfrak{r}_0)\cdot\Sigma^{(1)}(\mathfrak{r}_0)\,,\\ \int d\tau(\mathfrak{r}_0)\,\Gamma(\mathfrak{r},\mathfrak{r}_0)\,\mathfrak{F}_0^{(p)}\cdot\Sigma^{(3)}(\mathfrak{r}_0) &= -\int d\tau(\mathfrak{r}_0)\,\Gamma(\mathfrak{r},\mathfrak{r}_0)\{\mathfrak{F}_0^{(1)}(\mathfrak{r}_0)\cdot\Sigma^{(2)}(\mathfrak{r}_0)+\\ &\quad+\mathfrak{F}_0^{(2)}(\mathfrak{r}_0)\cdot\Sigma^{(1)}(\mathfrak{r}_0)\}\end{aligned}\right\}\tag{36c}$$

usw.
(36c) stellt genau dann eine Folge von sukzessiven lösbaren inhomogenen linearen Integralgleichungen 1. Art für die Komponenten von $\Sigma^{(i)}(\mathfrak{r})$ dar, *wenn die erste der Gleichungen lösbar ist.* In diesem Falle kann nämlich mit der Lösung $\Sigma^{(1)}(\mathfrak{r})$ in die erste Gleichung der Folge (36a) eingegangen werden und $\mathfrak{F}_0^{(1)}(\mathfrak{r})$ berechnet werden, dann mit $\mathfrak{F}_0^{(1)}(\mathfrak{r}_0)$ die zweite der Gleichungen (36c) wiederum als inhomogene lineare Integralgleichung für $\Sigma^{(2)}(\mathfrak{r})$ mit gleichem Kern aufgefaßt werden usw. Natürlich muß die Konvergenz der Zerlegungen (35a, b) gewahrt sein.

Wann nun sind die Integralgleichungen (36c) lösbar? *Notwendig* hierfür ist offenbar, daß die *Zahl der voneinander unabhängigen reellen Komponenten des Strukturtensors auf einer m-fach-unendlichen Teilmannigfaltigkeit* ($m \leqq 3$) des Erdhalbraumes mit der Zahl der *voneinander unabhängigen reellen Komponenten des Feldtensors auf einer ebensolchen Teilmannigfaltigkeit übereinstimmt.* Dieser Bedingung entspricht offenbar die Verallgemeinerung der Situation, die wir bei den obengenannten Beispielen der elektrischen Tiefensondierung vorfinden. Die Diskussion der Lösbarkeit wird durch den Umstand erschwert, daß die Integralgleichungen (36c) wegen $\mathcal{G}(\mathfrak{r},\mathfrak{r}_0) \approx \mathcal{I}\,|\mathfrak{r}-\mathfrak{r}_0|^{-1}$ für $\mathfrak{r}\to\mathfrak{r}_0$ einen *singulären* Kern haben und das *Grundgebiet* in kartesischen Koordinaten *unendlich ausgedehnt* ist.

Es darf nun nicht übersehen werden, daß die Komponenten des Sechservektors $\mathfrak{F}_0(\mathfrak{r})$ *nicht unabhängig* voneinander sind. Wählt man als die Punktmannigfaltigkeit, auf die $\bar{\mathfrak{r}}$ eingeschränkt ist, z. B. die Erdoberfläche, so zeigen die MAXWELLschen Gleichungen, daß die Normalkomponente von $\mathfrak{H}_0$ durch die Tangentialkomponenten von $\mathfrak{E}_0$ und die Normalkomponente von $\mathfrak{E}_0$ durch die Tangentialkomponenten von $\mathfrak{H}_0$ bestimmt sind. Das bedeutet, daß von den sechs Komponenten von $\mathfrak{F}_0$ nur *vier voneinander unabhängig* sind. Als unabhängige Feldgrößen sind aus Gründen der Stetigkeit beim Übergang vom Erd- zum Außenraum praktischerweise die *Tangentialkomponenten* zu wählen. Jedenfalls ist die Normalkomponente von $\mathfrak{E}_0$ zu vermeiden, da diese an der Erdoberfläche einen physikalisch nicht leicht bestimmbaren Sprung aufweist. Es sind mithin maximal acht reelle unabhängige, empirisch gegebene Feldgrößen als Funktionen zweier unabhängiger Variablen in einem unendlich ausgedehnten Gebiet vorgegeben. Damit ist die Zahl der bestimmbaren reellen Strukturtensorkomponenten ebenfalls auf acht eingeschränkt. Eine Struktur kann wegen der Symmetrie von $\mathscr{S}^*$, $\mathscr{E}^*$ und $\mathscr{M}^*$ im allgemeinsten Falle nur $3 \cdot 6 = 18$ unabhängige Komponenten haben. Selbst wenn man Koaxialität aller drei Materialtensoren in jedem Punkte voraussetzt, reduziert sich die Zahl nur auf 12. Diese Betrachtung zeigt, daß dann selbst für den Spezialfall $\mathscr{M}^* = 0$ die Zahl der unabhängigen zu bestimmenden Strukturgrößen (9) noch immer um eins größer als die Zahl der maximal zur Verfügung stehenden unabhängigen Feldgrößen ist. Damit scheint die Ermittlung einer *beliebigen* geoelektrischen Struktur ohne räumliche Symmetrie selbst bei Koaxialität von $\mathscr{S}^*$ und $\mathscr{E}^*$ *unmöglich* zu sein.

Indessen gibt es eine Klasse von Spezialfällen, in denen sich die Zahl der bestimmbaren unabhängigen Feldgrößen mit der Zahl der Strukturparameter deckt. Dieses sind z. B. alle ,,zweidimensionalen" Strukturen, dadurch gekennzeichnet, daß die Struktur spiegelsymmetrisch zu einem bestimmten System paralleler Vertikalebenen ist. Wählen wir z. B. die x-z-Ebene als Symmetriegrundebene, so gilt

$$\left.\begin{array}{lll} \Sigma_{xx} = \Sigma_{xx}(x, z)\,, & \Sigma_{yy} = \Sigma_{yy}(x, z)\,, & \Sigma_{zz} = \Sigma_{zz}(x, z)\,, \\ \Sigma_{xz} = \Sigma_{xz}(x, z)\,, & \Sigma_{xy} = 0\,, & \Sigma_{xz} = 0\,. \end{array}\right\} \quad (37)$$

Da das Feld $\mathfrak{F}_0^{(p)}(\bar{\mathfrak{r}})$ einer zur x-z-Ebene symmetrischen Primäranordnung (Elektrodengruppierung, Stromschleife oder dgl.) dann ebenfalls diese Symmetrie aufweisen muß, dürften die acht reellen, von Null verschiedenen Σ-Komponenten S^*_{xx}, S^*_{yy}, S^*_{zz}, S^*_{xz}, E^*_{xx}, E^*_{yy}, E^*_{zz} und E^*_{xz} in der x-z-Halbebene aus den acht Feldamplituden der vier x- und y-Komponenten von $\mathfrak{E}$ und $\mathfrak{H}$ in der x - y-Halbebene $z = 0$ bestimmbar sein. Die unbestimmt bleibende *Frequenz* gibt eine wichtige Kontrolle an die Hand: Die Komponenten von $\mathscr{S}^*$ und $\mathscr{E}^*$ müssen sich, falls sie keine Dispersion infolge induzierter Polarisation zeigen, für Messungen mit *verschiedener Frequenz als gleich* heraustellen. Selbstverständlich muß die sich ergebende Struktur auch unabhängig von der speziellen Lage der Primäranordnung sein, die höchstens einen Einfluß auf die Genauigkeit der Strukturbestimmung haben kann.

Insbesondere ergibt sich die Tragweite aller sog. „Potentialmethoden" hinsichtlich der Analyse von Untergrundstrukturen. Für diese Gruppe von Verfahren ist charakteristisch, daß praktisch $\omega = 0$ gesetzt werden kann und das elektrische Skalarpotential $\Phi(\mathfrak{r})$ in der Erdoberfläche bestimmt wird. Da mit $\omega = 0$ der Einfluß von $\mathscr{E}^*$ auf das Feld $\Phi(\mathfrak{r})$ wegfällt (vgl. die früheren Ausführungen des Verfassers in [1]), so resultiert, daß nur $\mathscr{S}^*(\mathfrak{r})$ bestimmbar bleibt und die Leitfähigkeitsstruktur *zweidimensional* und *isotrop* sein muß. Das obenerwähnte Beispiel der elektrischen Widerstands-Tiefensondierung ist hiervon offenbar der Spezialfall $\sigma = \sigma(z)$. Es genügt dann, $E_x = E_y(x)$ auf der Geraden $y = 0$, $z = 0$ zu bestimmen, wenn sich im Ursprung des Koordinatensystems etwa ein in x-Richtung orientierter elektrischer geerdeter (primärer) Stromdipol befindet. Auf Grund des Satzes von der Vertauschbarkeit von Erdelektroden und Potentialsonden bei beliebiger Substratleitfähigkeit σ_0 und beliebiger Struktur $\mathscr{S}^*(\mathfrak{r})$ ist diese Messung einer solchen des scheinbaren spezifischen Widerstandes ϱ_s nach SCHLUMBERGER mit Veränderung des Elektrodenabstandes gleichwertig.

Nun gibt es in der geoelektrisch-geologischen Erkundung eine Problemstellung, die nicht auf die Bestimmung einer Leitfähigkeitsstruktur hinausläuft, sondern gerade auf die Bestimmung der Quellen eines elektrischen *Primärfeldes.* Es ist dieses der Fall, wenn ein *spontanes,* zeitunabhängiges, durch galvanische oder elektrokinetische Effekte verursachtes elektrisches Feld im Boden vorhanden ist, dessen Primärursachen (galvanisch-aktive Körper, Filtrationsvorgänge u. a.) *lokalisiert* werden sollen. Nach der sog. „Eigenpotentialmethode" wird die Verteilung des spontanen elektrischen Skalarpotentials an der Erdoberfläche bestimmt, und die Aufgabe besteht darin, die Verteilung der spontanen galvanischen oder der Filtrationspolarisation im Erdhalbraum anzugeben.

Da die Vorgänge praktisch stationär sind, liegt hier der Fall $\omega = 0$, $\mathfrak{E} = -\nabla\Phi$ vor, und man erhält die Integralgleichung (23c) für $\Phi(\mathfrak{r})$. Mit der Annahme $\mathscr{S}^*(\mathfrak{r}) = \mathscr{M}^*(\mathfrak{r}) = 0$, d. h. unter der Voraussetzung, daß die Polarisation in einem homogen-isotropen, strukturfreien Untergrund auftritt, vereinfacht sich das Problem weiterhin zu

$$\Phi(\mathfrak{r}) = \Phi^{(p)}(\mathfrak{r}) \,, \tag{38a}$$

wobei $\Phi^{(p)}(\mathfrak{r})$ darstellbar ist durch ein Integral

$$\Phi^{(p)}(\mathfrak{r}) = \int d\tau(\mathfrak{r}_0) \left(\mathfrak{g}(\mathfrak{r}, \mathfrak{r}_0) \cdot \mathfrak{m}(\mathfrak{r}_0)\right) . \tag{38b}$$

Hierbei bedeutet $\mathfrak{m}(\mathfrak{r}_0)$ den Vektor der spontanen galvanischen Polarisation pro Raumeinheit an der Stelle $\mathfrak{r}_0$, $\mathfrak{g}(\mathfrak{r}, \mathfrak{r}_0)$ einen GREENschen Vektor mit den Eigenschaften

$$\Delta g = 0 \qquad \text{für} \quad \mathfrak{r} \neq \mathfrak{r}_0 \,, \tag{39a}$$

$$\mathfrak{g} \approx \nabla \frac{1}{|\mathfrak{r} - \mathfrak{r}_0|} \qquad \text{für} \quad \mathfrak{r} \to \mathfrak{r}_0 \,, \tag{39b}$$

$$\frac{\partial \mathfrak{g}}{\partial n} = 0 \qquad \text{für} \quad \mathfrak{r} = \bar{\mathfrak{r}} \ \text{(Erdoberfläche)} \,. \tag{39c}$$

Für *ebene* Erdoberfläche $z = 0$ ist $g(\mathfrak{r}, \mathfrak{r}_0)$ leicht anzugeben, nämlich

$$\mathfrak{g}(\mathfrak{r}, \mathfrak{r}_0) = \nabla \left(\frac{1}{|\mathfrak{r} - \mathfrak{r}_0|} + \frac{1}{|\mathfrak{r} - \mathfrak{r}_n^*|} \right) , \tag{40}$$

wobei $\mathfrak{r}_0^*$ den spiegelbildlich zu $\mathfrak{r}_0$ bezüglich der Ebene $z = 0$ gelegenen Punkt bedeutet.

Die Bestimmung der Verteilung $\mathfrak{m}(\mathfrak{r})$ bedeutet also nach (38a, b) die Lösung der Integralgleichung

$$\Phi(\mathfrak{r}) = \int d\tau(\mathfrak{r}_0) \left(\mathfrak{g}(\mathfrak{r}, \mathfrak{r}_0) \cdot \mathfrak{m}(\mathfrak{r}_0)\right) . \tag{41}$$

Ist nun $\mathfrak{r}$ auf die Erdoberfläche eingeschränkt, so ist die linke Seite der Gleichung nur für die zweidimensionale Mannigfaltigkeit $\mathfrak{r} = \bar{\mathfrak{r}}$ gegeben. Das Integral muß daher, wenn Unität der Lösung bestehen soll, sich auf ein *Flächenintegral* reduzieren. Das kann auf zweierlei Weise erreicht werden.

1. Es soll das elektrische Moment pro *Flächeneinheit* $M(\mathfrak{r})$ auf einer Fläche F, normal zu dieser gerechnet, bestimmt werden. Man erhält also die Integralgleichung

$$\Phi(\bar{\mathfrak{r}}) = \int_{(F)} \left(d\mathfrak{f}(\mathfrak{r}_0) \cdot \mathfrak{g}(\mathfrak{r}, \mathfrak{r}_0)\right) M(\mathfrak{r}_0) \,, \tag{42a}$$

mittels der $M(\mathfrak{r}_0)$ aus $\Phi(\bar{\mathfrak{r}})$ bei *vorgegebener* Fläche F ermittelt werden kann.

2. $M(\mathfrak{r})$ ist bekannt, z. B. eine Konstante, aber die Fläche F unbekannt. Sie sei etwa in kartesischen Koordinaten durch die Gleichung

$z_0 = z(x_0, y_0)$ gegeben. Dann stellt (42a) eine inhomogene, aber *nichtlineare* Integralgleichung für $z(x_0\, y_0)$ dar:

$$\Phi(\mathfrak{r}) = \int dx_0 \int dy_0 \frac{M_0}{\mathfrak{n}_z} (\mathfrak{n} \cdot \mathfrak{g}(\mathfrak{r}; x_0, y_0, z(x_0, y_0))) . \tag{42b}$$

Die Integration ist über die Projektion von F in die x - y-Ebene zu erstrecken. $\mathfrak{n}$ bedeutet den Einheitsvektor der Außennormalen der Fläche F (M_0 ist positiv in Richtung dieser Normalen gezählt); die Komponenten von $\mathfrak{n}$ sind mithin:

$$\mathfrak{n}_x = -\frac{\frac{\partial z}{\partial x_0}}{N}, \quad \mathfrak{n}_y = -\frac{\frac{\partial z}{\partial y_0}}{N}, \quad \mathfrak{n}_z = \frac{1}{N},$$

$$N = \sqrt{1 + \left(\frac{\partial z}{\partial x_0}\right)^2 + \left(\frac{\partial z}{\partial y_0}\right)^2} . \tag{42c}$$

Die Integralgleichung (42b) enthält somit nicht nur die gesuchte Funktion z im Integranden, sondern auch in komplizierter Form ihre beiden partiellen Ableitungen nach x und y.

Diese Betrachtung zeigt, daß bei der Eigenpotentialmethode *entweder bei bekannter Lage der polarisierten Grenzfläche die Verteilung des Momentes* (Potentialsprunges) auf dieser oder bei *bekanntem Moment die Lage der Grenzfläche* bestimmt werden kann, nicht aber beides zugleich.

VI. Anwendung auf den Geoelektromagnetismus des gesamten Erdkörpers

Die in den Abschnitten I—III entwickelten Gleichungen sind völlig unabhängig von der Gestalt der Begrenzungsfläche des Substrates oder Strukturträgers gegen den als Vakuum idealisierten Außenraum. Es steht dem nichts im Wege, diese Begrenzungsfläche als geschlossene, z. B. als Kugelfläche, oder als mehrfach zusammenhängende Fläche zu wählen. Sie kann sogar in beliebig viele einzelne geschlossene Flächen zerfallen. Die einzige stets erhalten bleibende Voraussetzung ist die Homogenität und Isotropie des durch σ_0, ε_0 und μ_0 gekennzeichneten Substrates.

Will man die Krümmung der Erdoberfläche in der Geoelektromagnetik nicht vernachlässigen, so behandelt man die Erde in nächster Näherung am besten als geschlossenen, kugelförmigen Körper oder, unter Vernachlässigung des topographischen Oberflächenreliefs, als ideale Kugel. Für dieses Modell ist die Annahme eines durchgehend homogenen Substrates geophysikalisch wenig sinnvoll, sofern man sich nicht auf periodische Vorgänge beschränken will, bei denen die elektromagnetische Eindringtiefe so gering ist, daß eine Abhängigkeit von σ_0, ε_0 und μ_0 vom Abstande von der Oberfläche praktisch noch nicht zur Auswirkung kommt. Für die theoretische Behandlung tiefer eindringender künstlicher oder natürlicher elektromagnetischer Felder muß diese (empirisch tatsächlich nachweisbare) Abhängigkeit aber berücksichtigt werden. Für den Geoelektromagnetismus des Erdganzen spezialisiert sich dann in 1. Näherung die „Struktur" zu einer „konzentrischen Schichtung" des Substrates, dargestellt durch

$$\sigma_0 = \sigma_0(r) \quad \varepsilon_0 = \varepsilon_0(r) \quad \mu_0 = \mu_0(r) \tag{43}$$

(r der Abstand des Punktes $\mathfrak{r}$ vom Kugelmittelpunkt).

Die Funktionen σ_0, ε_0 und μ_0 sind, nach den Ergebnissen z. B. von RIKITAKE, in dieser Näherung als *Treppenfunktionen* anzusehen. In 2. Näherung kann dann eine zusätzliche Anisotropie so angenommen werden, daß das ganze Modell noch Kugelsymmetrie bezüglich des Mittelpunktes aufweist. Das bedeutet, daß die Strukturtensoren $\mathcal{S}^*(r)$, $\mathcal{E}^*(r)$ und $\mathcal{M}^*(r)$ sämtlich zwei gleichwertige, tangential zur Kugel $r = \text{const}$ und eine davon verschiedenwertige, radial gerichtete Hauptachse besitzen. In 3. Näherung erst entfällt auch diese Voraussetzung, und die Struktur beschreibt Inhomogenitäten und Anisotropien des tieferen Erdinnern, die keine Kugelsymmetrie mehr aufweisen. Vom geophysikalischen Standpunkt sind solche strukturellen Unterschiede heute nur bis zur Tiefe der MOHOROVIČIČ-Diskontinuität bzw. isostatischen Ausgleichsfläche nachweisbar bzw. wahrscheinlich. Sie entsprechen der ungleichmäßigen Dicke der Sial-Kruste und ihrer komplizierten tektonischen Struktur.

Für die theoretische Behandlung derartiger Tiefenstrukturen empfiehlt es sich, den *Greenschen Tensor für ein zwei- oder mehrschichtiges kugelsymmetrisches Substrat* zu entwickeln. Die Substratparameter sind hierbei nach den Ergebnissen der geoelektromagnetischen Tiefensondierung durch Variationen des Erdfeldes nach dem Vorgang von RIKITAKE [8] zu wählen.

Weit mehr als die Tiefenstruktur steht heute aber die Frage nach der Verteilung vorläufig noch hypothetischer elektrischer Ströme im Erdinneren, auf die der permanente Teil des magnetischen sog. „Innenfeldes" zurückgeführt werden soll, im Vordergrund. Man vermutet nach BULLARD und ELSASSER [17], daß ein komplizierter mechanisch-elektromagnetischer Mechanismus an der Kerngrenze permanente, quasistationäre elektrische Ströme in dieser Region erzeugt. Unterstellt man, daß diese Ströme auf eine relativ dünne Schicht zwischen Erdkern und Erdmantel konzentriert sind, so lassen sie sich als flächenhaft verteilte Ströme mit der Flächenstromdichte $\mathfrak{J}_0(\tilde{\mathfrak{r}})$ idealisieren. $P(\tilde{\mathfrak{r}})$ ist hierbei ein Punkt der Kerngrenzfläche. Die genannten Ströme spielen im Rahmen der hier entwickelten mathematischen Behandlung also die Rolle von *Primärströmen*, von denen nur der zeitlich hinreichend langsam veränderliche Teil geomagnetisch an der Erdoberfläche wahrnehmbar ist.

Wenn man von der Struktur des Erdinnern absieht und dieses etwa als homogen-isotrope, einander umschließende Kugelschalen mit den Substratparametern σ_i, ε_i, μ_i $(i = 0, 1, 2, \ldots)$ idealisiert, wobei die Zählung mit dem Außenraum der Erde beginnt und mit dem innersten Bereiche des Kernes endet, so erhält man auch (21)

$$\mathfrak{B}_0(\mathfrak{r}) = \mathfrak{B}_0^{(p)}(\mathfrak{r})\,. \tag{44}$$

Der GREENsche Tensor erhält jetzt den Index i der einzelnen Kugelschale, wobei die Randbedingungen (15) sich sinngemäß auf die Grenzkugelflächen der einzelnen Schalen übertragen, so daß etwa (L) durch (i) und (E) durch $(i + 1)$ zu ersetzen ist. Ein zweiter Index, der den Zeichen $(+)$ bzw. $(-)$ in (25) u. f. entspricht, müßte die Schale bezeichnen, in der die Singularität (der „Einheitssender") zu suchen ist. Da dieses hier von vornherein die Kerngrenze ist, kann dieser Index weggelassen werden. Man erhält die Integraldarstellung für $\mathfrak{B}_0^{(p)}(\mathfrak{r})$ nun einfach aus (21), indem man hier $\mathfrak{B}_0^{(p)}(\mathfrak{r})$ streicht und die Dichte des virtuellen Konvektionsstromes (geschweifte Klammer) durch $\mathfrak{J}_0(\mathfrak{r})$ ersetzt:

$$^{(i)}\mathfrak{B}_0^{(p)}(\mathfrak{r}) = -\frac{\mu_k}{c}\int\limits_K df(\tilde{\mathfrak{r}})\left(\nabla \times {}^{(i)}\mathcal{G}(\mathfrak{r}, \tilde{\mathfrak{r}}) \cdot \mathfrak{J}_0(\tilde{\mathfrak{r}})\right). \tag{45a}$$

Der Index i bei $\mathfrak{B}_0(\mathfrak{r})$ und $\mathcal{G}(\mathfrak{r}, \tilde{\mathfrak{r}})$ gibt an, in welcher Kugelschicht $P(\mathfrak{r})$ liegt. μ_k bezeichnet sinngemäß die magnetische Permeabilität an der Kerngrenze, wobei der Einfachheit halber angenommen sei, daß diese Größe für das Kerninnere und die den Kern unmittelbar umgebende Schale gleich sei. K deute die Integration über die Kernoberfläche an.

Liegt $\mathfrak{r}$ nun an der Oberfläche der Rinde $(\mathfrak{r} = \tilde{\mathfrak{r}})$, so muß, da das geomagnetische Feld oberhalb der Erdoberfläche gemessen wird, $i = 0$ gesetzt werden, und (45) stellt für den auf die Tangentialkomponente sich reduzierenden Vektor $\mathfrak{J}_0(\tilde{\mathfrak{r}})$ eine Integralgleichung 1. Art dar, wenn die Tangentialkomponente $\mathfrak{B}_{0t}(\bar{\mathfrak{r}}) = \mathfrak{H}_{0t}(\bar{\mathfrak{r}})$ von $\mathfrak{B}_0(\bar{\mathfrak{r}})$ empirisch gegeben ist.

$$\mathfrak{H}_{0t}(\bar{\mathfrak{r}}) = -\frac{\mu_k}{c} \int\limits_K df(\tilde{\mathfrak{r}}) \nabla \times {}^{(i)}\mathcal{G}(\mathfrak{r}, \tilde{\mathfrak{r}}) \cdot \mathfrak{J}_0(\tilde{\mathfrak{r}}) \,. \tag{45b}$$

Hierbei ist berücksichtigt, daß außerhalb der Erde Induktion und magnetische Erregung gleich sind. Diese Integralgleichung ist wiederum eindeutig lösbar, da sowohl $\mathfrak{J}_0(\tilde{\mathfrak{r}})$ als auch $\mathfrak{H}_{0t}(\bar{\mathfrak{r}})$ zwei Feldgrößen auf je einer Kugelfläche äquivalent sind. Die Inangriffnahme dieser Aufgabe würde voraussetzen, daß

1. der Schalenbau der Erde hinsichtlich der Strukturparameter $\sigma_i, \varepsilon_i, \mu_i$ bekannt ist (Konstruktion des GREENschen Tensors mittels eines „Stufenmodells" des Substrates). Dieses Stufenmodell ergibt sich bezüglich der Leitfähigkeit nach RIKITAKE [8] durch Anwendung der magnetotellurischen Methode auf die aus der Erdatmosphäre stammenden geomagnetischen Variationen langer Periode (bis zu 11 Jahren);
2. die Spektraldichte der geomagnetischen Säkularvariation in Horizontalkomponente und Deklination für die Erdoberfläche ermittelt ist.

(45b) liefert dann die Spektraldichte für die elektrischen Flächenströme an der Kerngrenze.

Herrn Dr. ROLF RÖSLER, Oberassistenten am Institut für Theoretische Physik und Geophysik der Bergakademie Freiberg, bin ich für manche wertvolle Diskussion sowie für die sorgfältige Nachprüfung der Formeln und Lesung der Korrektur sehr zu Dank verpflichtet.

LITERATUR

[1] Buchheim, W.: Beiträge zur Theorie der geoelektrischen Aufschlußmethoden. Freiberger Forschungshefte, Reihe C, Heft 6 (1952).

[2] Schmeidler, W.: Integralgleichungen und ihre Anwendungen in Physik und Technik. Akad. Verlagsgesellschaft Geest & Portig K.-G. Leipzig.

[3] Slichter, L. B.: The Interpretation of the Resistivity Prospecting Method for Horizontal Structures. Physics **4** (1933), 307–322.

[4] Buchheim, W.: Über die Auswertung geoelektrischer Tiefensondierungen nach einer Integralgleichungsmethode. Wissenschaftliche Zeitschrift der Technischen Hochschule Dresden **2** (1952/53), Heft 3, S. 337–341.

[5] Haalck, H.: Lehrbuch der angewandten Geophysik. Gebr. Borntraeger 1958. 2. Bd. Abschnitt III. Die elektrischen Aufschlußmethoden. S. 55–60.

[6] Mooney, H. M. und W. W. Wetzel: The Potentials about a Point-Electrode and Apparent Resistivity Curves for a Two-Three-and Four-Layered Earth. The University of Minnesota Press. Minneapolis 1956.

[7] Sommerfeld, A.: Vorlesungen über theoretische Physik, Bd. VI.: Partielle Differentialgleichungen der Physik. Akademische Verlagsgesellschaft Geest & Portig K.-G. Leipzig, 4. Aufl. 1958. §§32, 33.

[8] Rikitake, T.: Electrical Conductivity and Temperature in the Earth. Bull. Earthqu. Res. Inst. **30** (1952) 13–23.

— The electrical State of the Earth's Interior as inferred from Variations in the Earth's Magnetic Field. Trans. Oslo Meeting of the Intern. Assoc. of Terrestr. Magn. and Electricity (1950) 435–438.

[9] Wenner, F.: A Method of Measuring Earth-Resistivity. U.S. Bull. Bur. of Stand. **12** (1916) 469–478.

[10] Königsberger, J.: Induktionsmessung im Zentrum einer Kreisschleife zur Leitfähigkeitsbestimmung der Erde. Gerl. Beiträge, Erg.-Hefte **3** (1933) 392–407.

[11] Nunier, W.: Messung der elektrischen Leitfähigkeit der Erde in verschiedenen Tiefen durch die von einem Kreisstrom induzierten Ströme (mit Vermeidung merklichen Skineffektes). Beiträge z. angew. Geophysik **3** (1933) 370–391.

[12] Buchheim, W.: Die Bestimmung des spezifischen elektrischen Widerstandes von anisotrop leitenden homogenen Medien nach der Vier-Punkt-Methode. Geofisica pura e application Vol. X, Fasc. 3/4 Milano (1947).

[13] BUCHHEIM, W.: Zur Theorie der induzierten galvanischen Polarisation elektrisch aktiver Imprägnationserze. Freiberger Forschungshefte, Reihe C, Heft 28 (1957).

[14] BELLUIGI, A.: Weiterentwicklung der Verfahren der theoretischen Geoelektrik nach BUCHHEIM. Freiberger Forschungshefte, Reihe C, Heft 32 (1957) S. 65–88.

[15] LANGER, R. E.: An inverse Problem in differential Equation. Bulletin of American Mathematical Society **39** (1933) 814–818.

[16] BELLUIGI, A.: Berechnung der elektrischen Leitfähigkeit des Bodens bei bekannter Verteilung des Oberflächenpotentials. Gerlands Beiträge **65** (1956) 171–184.

[17] BULLARD, E. C.: Introduction to a Discussion on Movements in the Earth's Core and Electrical Conductivity. Anm. de Géophys. **11** (1955) 49–52.

ELSASSER, W. M.: The Earth's Interior and Geomagnetism. Rev. of Mod. Phys. **22** (1950) 1–35. — Hydromagnetic Dynamo Theorie. Rev. of. Mod. Phys. **28** (1956) 135–163.

Fortsetzung von der 2. Umschlagseite

Band 100

Heft 1 Prof. Dr. HEINRICH BRANDT, Über Stammfaktoren bei ternären quadratischen Formen 24 Seiten – 8° – 1952 – DM 2,25

Heft 2 Dr. PAUL GÜNTHER, Zur Gültigkeit des Huygens'schen Prinzips bei partiellen Differentialgleichungen vom normalen hyperbolischen Typus 43 S. – 8° – 1952 – DM 5,–

Heft 3 Dr. ALFRED MÜLLER, Die Schaubarkeit in der Axonometrie 22 Seiten – 3 Falttafeln – 8° – 1952 – DM 3,–

Heft 4 Prof. Dr.-Ing. ENNO HEIDEBROEK, Die Beziehungen zwischen Härte, Schmierung und Verschleißfestigkeit Nachdruck – 40 S. – 10 Abbildungen – 8° – 1954 – DM 3,40

Heft 5 Prof. Dr. ROBERT SCHRÖDER, Frauenheilkunde in Forschung und Praxis 22 Seiten – 8° – 1952 – DM 1,35

Heft 6 Dr. ROLF REISSIG, Die pandiagonalen Quadrate vierter Ordnung 54 Seiten – 8° – 1952 – DM 5,–

Heft 7 Prof. Dr. MAX ROBITZSCH, Die Erforschung der Atmosphäre, ihre Methodik und ihre Probleme 30 S. – 12 Abbildungen – 4 Kunstdrucktafeln – 8° – 1953 – DM 2,50

Band 101

Heft 1 Prof. Dr. KURT SCHWABE, Periodische Erscheinungen bei der anodischen Auflösung des Zinks 33 Seiten – 14 Abbildungen – 8° – 1954 – DM 3,–

Heft 2 Dr. UDO PIRL, Positive Lösungen einer nichtlinearen Integralgleichung 44 Seiten – 2 Abbildungen – 8° – 1953 – DM 4,–

Heft 3 Dr. JOACHIM FOCKE, Asymptotische Entwicklungen mittels der Methode der stationären Phase 2. unveränderte Auflage – 48 Seiten – 8° – 1957 – DM 4,80 *(vergriffen)*

Heft 4 Prof. Dr. HANS SALIÉ, Zur Verteilung natürlicher Zahlen auf elementfremde Klassen 26 Seiten – 8° – 1954 – DM 2,50

Heft 5 Prof. Dr.-Ing. ENNO HEIDEBROEK, Die Verantwortlichkeit des Ingenieurs 22 Seiten – 8° – 1954 – DM 1,–

Heft 6 Prof. Dr. HANS SCHUBERT / Dr. ERICH SCHINCKE, Zur Ermittlung von Unterschallströmungen mit der Transformationsmethode bei quadratischer Approximation der Adiabate 32 Seiten – 6 Abbildungen – 2 Tabellen – 8° – 1955 – DM 2,30

Heft 7 Dr. HELMUT SCHAEFER, Neue Existenzsätze in der Theorie nichtlinearer Integralgleichungen 40 Seiten – 8° – 1955 – DM 2,40

Band 102

Heft 1 Dr. PAUL GÜNTHER, Über einige spezielle Probleme aus der Theorie der linearen partiellen Differentialgleichungen zweiter Ordnung 50 S. – 8° – 1957 – DM 4,60 *(vergriffen)*

Heft 2 Prof. Dr. HANS SCHUBERT/Dr. ERICH SCHINCKE, Zum Konturproblem der Hodographenmethode im Unterschall 25 Seiten – 8° – 1957 – DM 2,20

Heft 3 Prof. Dr. FRANZ RUNGE, Über die Polymerisation ungesättigter organischer Verbindungen 13 Seiten – 1 Tabelle – 8° – 1957 – DM 1,–

Heft 4 Dr. VICTOR VÂLCOVICI, Une extension des liaisons non holonomes et des principes variationnels 39 Seiten – 8° – 1958 – DM 2,40

Heft 5 Dr. ROLF KLÖTZLER, Beiträge zur Theorie mehrdimensionaler Variationsprobleme mit geknickten Extremalen 72 Seiten – 8° – 1958 – DM 4,30

Heft 6 Prof. Dr. PAULA HERTWIG, Strahlenschäden und Strahlenschutz im zellulären Bereich 43 Seiten – 14 Abbildungen im Text und auf 4 Tafeln – 6 Tabellen – 8° – 1957 – DM 2,–

Heft 7 Prof. Dr. WILHELM TREIBS, Entwicklungslinien der organischen Chemie 25 Seiten – 8° – 1957 – DM 1,40

Band 103

Heft 1 Prof. Dr. GEORG SPACKELER, Über die Möglichkeit einer Lieferung von Magnesiumsulfat als Düngemittel seitens des Kalibergbaus der Deutschen Demokratischen Republik
Prof. Dr. ANTON ARLAND, Magnesium im Landbau
38 Seiten – 1 Abbildung – 2 Landkarten – 8° – 1958 – DM 1,90

Heft 2 Prof. Dr. HEINRICH BREDT, Über den Tod. Eine naturwissenschaftliche Betrachtung
26 Seiten — 8° — 1958 — DM 1,10 *(vergriffen)*

Heft 3 Dr. HANS WUSSING, Über Einbettungen endlicher Gruppen
38 Seiten — 8° — 1958 — DM 2,50

Heft 4 Prof. Dr. ERNST NEEF, Über die Veränderlichkeit unserer geographischen Umwelt
19 Seiten — 8° — 1959 — DM 1,20

Heft 5 Prof. Dr. WOLFGANG LANGENBECK, Zur Biochemie der Spurenmetalle. Mit Diskussionsbeiträgen 16 Seiten — 4 Tabellen — 8° — 1959 — DM 1,—

Heft 6 Prof. Dr. HANS SCHUBERT / Dr. ERICH SCHINCKE, Die Berechnung einer zirkulationslosen Unterschallströmung um den Kreiszylinder mit der Hodographenmethode
42 Seiten — 12 Abbildungen — 4 Tabellen — 8° — 1959 — DM 4,20

Heft 7 Prof. Dr. PAULA HERTWIG, Anpassung, Vererbung und Evolution
35 Seiten — 14 Abbildungen — 8° — 1959 — DM 3,20

Band 104

Heft 1 Prof. Dr. KARL SCHMALFUSS, Über das Ausmaß der biologischen Bindung des elementaren Stickstoffs. Der Einfluß assimilierbarer Stickstoffverbindungen
19 Seiten — 2 Abbildungen — 6 Tabellen — 8° — 1960 — DM 1,35

Heft 2 Prof. Dr. ANTON LISSNER, Charakteristische Eigenschaften der Braunkohlen
20 Seiten — 10 Abbildungen — 3 Tabellen — 8° — 1960 — DM 2,—

Heft 3 Prof. Dr. FRITZ STATHER, Zur Charakteristik pflanzlicher und synthetischer Gerbstoffe und deren kombinierte Verwendung bei der Gerbung
19 Seiten — 8° — 1960 — DM 1,10

Heft 4 Prof. Dr. HEINRICH PRELL, Bemerkungen zur Geschichte der englischen Längenmaß-Systeme 74 Seiten — 3 Tabellen — 8° — 1962 — DM 4,90

Heft 5 Prof. Dr. OTT-HEINRICH KELLER, Zur Berechnung des Galois'schen Körpers und der Galois'schen Gruppe einer Gleichung in erträglich vielen Schritten
23 Seiten — 8° — 1961 — DM 2,—

Heft 6 Dr. ROLF KLÖTZLER, Die Konstruktion geodätischer Felder im Großen in der Variationsrechnung mehrfacher Integrale. 84 S. — 1 Abbildung — 8° — 1961 — DM 7,—

Heft 7 Prof. Dr. ARTHUR SIMON, Gitteraufbau und Katalyse bei der Gasentschwefelung
21 Seiten — 16 Abbildungen — 8° — 1961 — DM 2,10

Band 105

Heft 1 Prof. Dr.-Ing. FRITZ OBENAUS, An der Grenze zwischen Hochspannungstechnik und Physik 19 Seiten — 14 Abbildungen — 8° — 1961 — DM 2,40

Heft 2 Prof. Dr. GEORG MERREM, Die klinisch-biologische Wertigkeit der Hirngeschwülste
23 Seiten — 7 Abbildungen — 2 Tabellen — 8° — 1962 — DM 1,90

Heft 3 Dr. ERICH SCHINCKE, Stetige schallnahe Potentialströmungen um eine Familie symmetrischer Profile mit abgerundeter Nase und ihre Grenzlinieneigenschaften
73 Seiten — 23 Abbildungen — 8° — 1963 — DM 8,90

Heft 4 Prof. Dr. WILHELM MAIER, Aus der analytischen Zahlentheorie
15 Seiten — 8° — 1963 — DM 2,—

Heft 5 *Vorliegendes Heft*

Einzel- oder Fortsetzungsbestellungen durch eine Buchhandlung erbeten

Vor 1945 erschienene Berichte antiquarisch durch den Akademie-Verlag, Berlin, zum Teil noch lieferbar

AKADEMIE-VERLAG · BERLIN

Zeitfracht Medien GmbH
Ferdinand-Jühlke-Straße 7
99095 Erfurt, Deutschland
produktsicherheit@kolibri360.de